中島志保

紅豆餡甜點幸福滋味

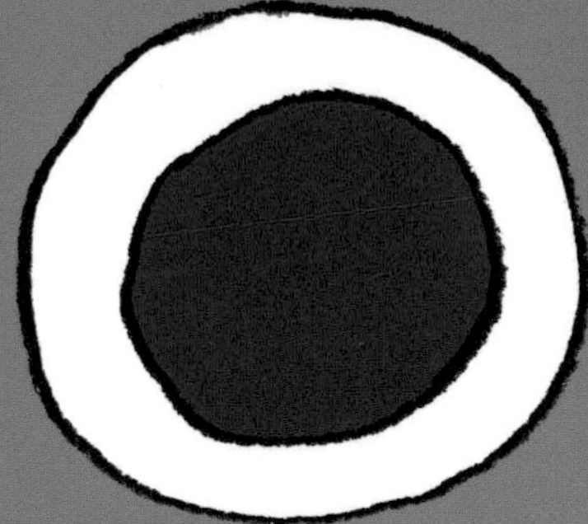

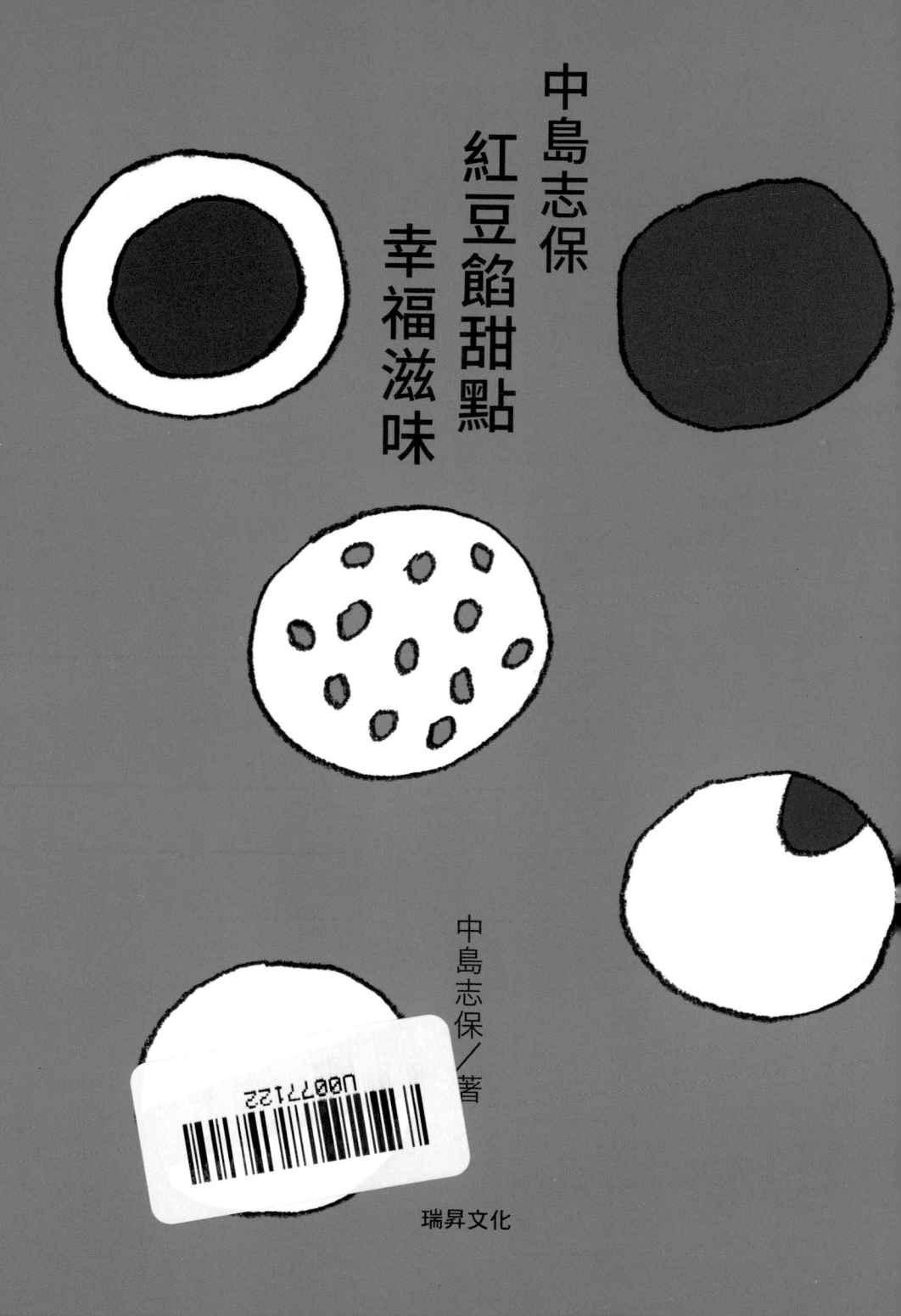

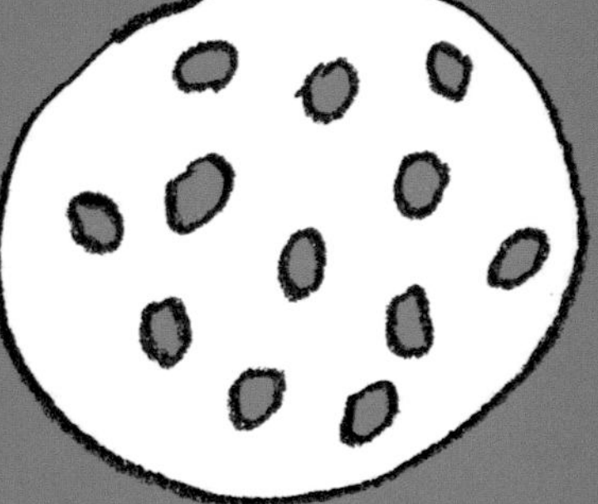

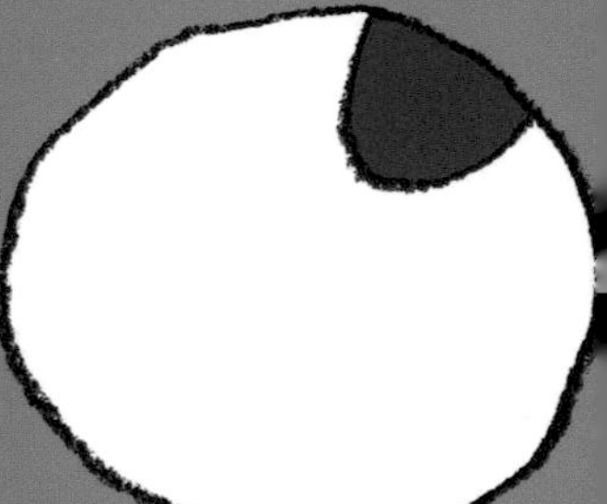

中島志保／著

瑞昇文化

前言

小時候，西點是特別日子吃的點心，家裡只有和菓子。
家中隨時備有日式饅頭、羊羹、或最中餅……等紅豆餡點心。
從鋼琴教室回家的途中，獎勵我認真上課而買的鯛魚燒。
冬天下雪時邊走邊喝的紅豆湯。
因為熱水，而略帶保麗龍味的紅豆湯圓。
回憶中的兒時點心，充滿了滿滿的紅豆餡。

家裡每個人（姐姐除外）都很喜歡紅豆餡，
掃墓時做了很多萩餅供奉，
全家人拿來當三餐吃。
我覺得這很正常，結果結婚後，嚇了先生一大跳。
或許是我家對紅豆餡的接受度比較高吧。

隨時出現在身邊的紅豆餡，
自從到東京一個人住後，就少有機會吃得到。

比起一個人特別去和菓子專賣店，去便利商店買泡芙或布丁更加方便，
而且西式點心也充滿魅力。

雖然有段時間紅豆餡沒那麼常出現在身邊，
但現在，我迷上紅豆餡了。
在旅途中或家裡吃了身心就會平靜下來的紅豆餡點心，相當吸引我。
一接近彼岸時期*，就急著做萩餅。
還是自己煮的紅豆餡甜度最剛好，適合在麵包上厚厚地抹上一層。

本書是為了讓一聽到紅豆餡的作法，
就覺得很難、不知道該如何食用的人們
能在家中輕鬆煮出紅豆餡而寫。
從紅豆粒開始煮到漸漸褪色，再轉為紅色，皺皺的豆皮膨脹伸展開來，
最後煮出光澤發亮的紅豆餡。
希望各位也能感受到這如魔法般的樂趣。
只要想到放在冰箱中的紅豆餡，就覺得很幸福。

中島志保

*彼岸（ひがん）：春分前後的掃墓活動，類似台灣的清明節。

本書的使用方法

◎先買紅豆吧！

一進入秋冬時節，超市開始擺出新鮮採收的紅豆。看到圓滾滾的紅豆上市，就是該煮紅豆餡的時候了。只要買1袋，就能用上一陣子。

◎煮紅豆餡

煮紅豆餡，好像很難……。不會喔，只要煮到變軟再加糖就OK了。不需要一直守在旁邊。是否就從吃完晚餐，坐在暖桌旁剝橘子的空檔，或是假日午後看書時，開始煮紅豆餡呢？

◎煮好紅豆餡後

煮好紅豆餡，先趁熱吃一口。味道如何？比想像中還甜嗎？但是只要經過一晚，水份和味道都會融合得恰到好處。先挖一大匙放在吐司上當早餐吃。因為還剩很多，就拿來做點心吧。紅豆餡就像常備菜般令人安心。

◎關於水量與甜度

本書介紹的紅豆餡主要分成乾紅豆餡（口感偏硬）和紅豆粒沙（口感鬆軟）2種。總有人問說2種都要做嗎？不能只把紅豆粒沙煮到水份收乾，或是乾紅豆餡煮至鬆軟嗎？但這麼做是有原因的。

烘焙點心使用的紅豆餡，如果水份含量高會烤不熟、或是口感不佳。所以必須使用乾紅豆餡。另外因為紅豆粒沙可以直接當配料使用，水份需適中且甜度要夠。如果只把乾紅豆餡煮至鬆軟會不夠甜，反之，紅豆粒沙一旦煮到水份收乾就會太甜。

所以，必須準備2種紅豆餡。建議一起煮到悶燒階段後，再分成兩部分調整砂糖用量。

目錄

1章 簡易紅豆餡點心

2章 西式紅豆餡點心

3章 經典紅豆餡點心

4章 節令紅豆餡點心

專欄 紅豆餡的基本煮法

【本書的基本通則】

◉1杯是200ml，1米杯是180ml，1大匙是15ml，1小匙是5ml。

◉使用M大小（淨重50g）的雞蛋。

◉「一小撮」指的是用大拇指、食指和中指輕輕捏取的份量。

◉烤箱先預熱至設定溫度。烘烤時間因熱源和機種的不同，多少有些差異。請參考食譜的時間，視烘烤狀況斟酌調整。

◉微波爐的加熱時間是以600W為基準。使用500W的機型時，請將時間調整為1.2倍。加熱時間多少會因機種而異。

先和紅豆餡聯絡一下感情吧

第1章 簡易紅豆餡點心

一煮好紅豆餡，就想先做些簡單的點心試試。
只要抹在麵包上、或是搭配冰淇淋，
就能開心吃到市面上沒有的柔和風味。
想嘗到紅豆餡的樸實滋味，
先從以下食譜開始試作吧。

① 紅豆奶油吐司

煮好紅豆餡後，決定明天早餐吃紅豆奶油吐司。
在烤得香脆的厚片吐司上，
抹上滿滿的紅豆餡，再放上冰奶油。
趁奶油尚未融化時享用。

◎材料（2人份）
吐司（4～5片切）……2片
乾紅豆餡……滿滿4大匙
含鹽奶油……適量

1 用刀子在吐司上輕輕劃出十字切口，放進烤箱充分烤上色。食用時，撕下一小塊放上紅豆餡和冰涼的奶油。趁奶油尚冰時送入口中，超美味。

② 紅豆三明治

微酸的優格鮮奶油搭配紅豆餡，就是適合大人吃的點心。

因為麵包口感柔軟，所以打出細緻的鮮奶油相當重要。

◎材料（4人份）

麵包捲……小型4個

乾紅豆餡……6大匙

【優格鮮奶油】

（容易製作的份量）

鮮奶油……100 ml

原味優格……40 g

細蔗糖……25 g

1 用刀子從中間剖開麵包捲。將鮮奶油的材料倒入調理盆中，底部墊冰水打發鮮奶油至尾端微彎的狀態。取1又½大匙的鮮奶油和紅豆餡放入每個麵包捲夾起來即可。

＊剩下的優格鮮奶油可以搭配水果等一起吃。

③ 派餅棒和紅豆餡

派餅皮放入烤箱烤得香脆後，沾取紅豆餡食用。
捲成棒狀烘烤，就不會過分膨脹，口感酥脆。

◎材料（17 cm長的餅乾14根份）
冷凍派皮（20 x 20 cm）……½片
紅豆粒沙……適量

1 派皮放在室溫下5分鐘回軟，用刀子切成7mm寬的長條狀，抓住兩端扭轉成型。排在鋪好烘焙紙的烤盤上，放入預熱至190℃的烤箱中烤15分鐘，取出後置於烤盤上充分放涼。附上紅豆餡沾取食用。

④ 紅豆餅乾棒

小時候很愛吃香煙狀的巧克力棒。
就像在模仿大人般，總覺得更美味。
這道點心的祕訣在於盡量捲成細長狀，做出脆硬口感。
只要加點芝麻油，頓時為紅豆餡注入中式風味。

◎材料（15cm長的餅乾6根份）

春捲皮……3片

A ［乾紅豆餡……6大匙
　 芝麻油……½小匙

炸油……適量

1 春捲皮縱向對半切開，橫向放在桌上，A混合均勻後抹在每片春捲皮上，面前1cm處留白，一邊擠壓排出空氣一邊捲緊。捲好後兩邊沾水收口（兩邊用手指捏緊），放入中溫（170℃）炸油中炸成金黃色即可。

＊也可以在平底鍋中倒入2大匙太白胡麻油加熱，轉中小火一邊滾動餅乾棒一邊煎炸。小心不要燒焦。

⑤ 自組最中餅

在京都必去的紅豆餡店可以買到最中餅的餅皮，所以在家也能享受到自組最中餅的樂趣。嘗過餅皮的酥脆美味後，就看不上市售最中餅了。

◎材料（7～8個份）
市售最中餅皮……小型14～16片
豆餡（乾紅豆餡、紅豆沙、白豆沙等）……各適量
水果乾（杏桃、無花果等）、
　市售澀皮糖煮栗子（或去皮糖煮栗子）……各適量

1 水果乾切成適口大小，放入小鍋中加水蓋過，轉小火熬煮到水份收乾後放涼，呈半乾狀態。栗子切成適口大小。在最中餅皮上放入喜歡的餡料即可。

⑥ 紅豆芭菲

使用非烘焙材料的抹茶。
搭配深焙黃豆粉。
只要這樣，就能做出純正風味。
放入小玻璃杯中，
就是很棒的餐後甜點。

◎材料（2人份）

- 市售香草冰淇淋……100g
- 黃豆粉……2小匙
- 抹茶……略多於½小匙
- 紅豆粒沙……4大匙
- 市售玄米穀片……6大匙
- 喜歡的餅乾……2片

1 香草冰淇淋分成兩份，各自加入黃豆粉和抹茶用橡皮刮刀攪拌均勻，放入冷凍庫冰凍備用。在小玻璃杯中依序放入玄米穀片、紅豆餡和任一口味的冰淇淋，擺上餅乾即可。

⑦紅豆奶昔

在玻璃杯中堆疊成層後，不要一開始就全部拌勻，稍微攪拌再邊吃邊喝。

重點在於不加牛奶，選用同為豆類製品的豆漿。

◎材料（2人份）

紅豆沙……100g

市售香草冰淇淋（低脂）……100g

豆漿（原味無糖）……100ml

1 在小玻璃杯中依序放入紅豆餡、冰淇淋和豆漿。使用長柄湯匙攪動整體，趁冰淇淋尚未完全化開前享用。

⑧ 紅豆冰淇淋

利用甘酒香甜厚實的滋味，作出濃郁的冰淇淋。放在小型容器中小口品嘗，整體相當對味。也推薦用味道樸實的餅乾夾起來吃。

◎材料（2～3人份）
乾紅豆餡……150g
甘酒（2～3倍的濃縮液）……50g
鮮奶油……50g
牛奶……50ml

1 將所有材料倒入調理盆中用打蛋器攪拌，放入夾鏈袋中壓平，送進冷凍庫凍結硬化。食用時取出調理盆放在室溫下回溫片刻，用湯匙或攪拌棒攪拌滑順後盛入器皿中。剛開始融化的時機點最好吃。

品嘗各款創新的紅豆餡點心

第2章 西式紅豆餡點心

花點心思，將紅豆餡做成餅乾等烘焙點心，
或是亞洲風味小點，都讓人樂在其中。
因為紅豆餡和乳製品或巧克力等
西式食材都相當對味，
可以加在蛋糕上烤出濕潤口感，
或是用派皮包起來，
用途相當廣泛。
使用市售的紅豆餡
就要顧及甜度調整的比例，
關於這點，換成自製紅豆餡就不用擔心了。

1 紅豆餡餅乾

◎材料（直徑2.5cm的餅乾各30個份）

【黑色餅乾】

A
- 低筋麵粉……80g
- 可可粉……15g
- 泡打粉……⅓小匙

- 乾紅豆餡……80g
- 奶油（無鹽）……50g
- 細蔗糖……15g
- 雞蛋……½個份

【白色餅乾】

B
- 低筋麵粉……70g
- 黃豆粉……20g
- 泡打粉……⅓小匙

- 白豆沙……80g
- 奶油（無鹽）……50g
- 細蔗糖……10g
- 雞蛋……½個份

◎事先準備

- ・奶油和雞蛋回復室溫。
- ・烤盤上鋪好烘焙紙。

1 製作黑色餅乾。把奶油放入調理盆中，用橡皮刮刀攪拌成乳霜狀，加入砂糖拌至鬆軟。依序加入雞蛋（分2～3次）、紅豆餡，每次都要攪拌均勻。

2 A混合後篩入調理盆中，用橡皮刮刀切拌至沒有粉粒。包上保鮮膜壓平，放進冰箱靜置1小時。

3 烤箱預熱至170℃。拿刮板將麵團切成30等分，用手滾圓中間稍微壓凹。間隔排在烤盤上，放入170℃的烤箱中烤15分鐘。白色餅乾的作法相同（A的部分改放B）。

麵團切成30等分，用手滾圓，指尖在中間稍微壓凹，比較容易烤熟。

滿溢小語 紅豆餡 1

姐姐和紅豆餡

我家一到彼岸時期，就會把裝滿萩餅的三層食盒放在餐桌上，早、中、晚當成米飯來吃。原本我覺得這很平常，卻嚇到來娘家拜訪的先生。姐姐因為不太愛吃紅豆餡，鯛魚燒只吃外皮，紅豆餅也只吃外皮，是餅皮星人。現在則是斬釘截鐵地說「我不喜歡紅豆餡」直接不吃。我就連姐姐的那份也吃掉了。

做了很多紅豆餡點心後發現
「乾巴巴的紅豆餡不好吃」。
水份一收乾，
特有的紅豆風味也跟著消失，
完全失去紅豆餡的優勢。
所以不做脆硬的餅乾，
改成綿密鬆軟的口感。
加入可可粉和黃豆粉增添風味。

2 紅豆餡夾心餅

◎材料（15 x 15cm的方形烤模1個份）

A
- 低筋麵粉……100g
- 杏仁粉……20g
- 肉桂粉……1小匙
- 泡打粉……¼小匙

細蔗糖……20g
雞蛋……1個
太白胡麻油……2大匙（25g）

- 乾紅豆餡……200g
- 蜂蜜……½大匙

◎事先準備
- ・紅豆餡和蜂蜜混合均勻備用。
- ・沿著烤模裁剪烘焙紙。
- ・烤箱預熱至170℃。

1 調理盆中倒入約⅔個打散的蛋液（30g）、砂糖和油，用打蛋器攪拌溶解。篩入混合均勻的**A**，用橡皮刮刀切拌至沒有粉粒。

2 取半量的**1**放在烘焙紙上，用擀麵棍擀成烤模底部大小，連同烘焙紙放入烤模中，倒入紅豆餡用手指壓平鋪滿底部。剩下的麵團放在保鮮膜上擀成15cm的四方形，放在紅豆餡上用手指按壓密實，表面塗上適量剩餘的蛋液。

3 放入170℃的烤箱中烤30~35分鐘至金黃上色。置於烤模中放涼後，用刀子切成適口大小即可。

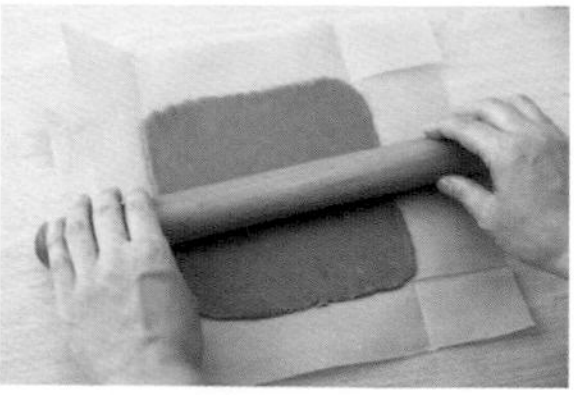

取半量麵團放在沿著烤模剪好的烘焙紙上，用擀麵棍擀成烤模底部大小。厚度約3mm。

麵團連同烘焙紙一起放入烤模後，整體鋪滿紅豆餡。連4個角落都要確實鋪上。紅豆餡中加蜂蜜避免乾燥。

剩餘的麵團擀平後，連同保鮮膜翻面放在紅豆餡上，用手指按壓密實。重點在於排出縫隙間的空氣。

用餅乾體夾住滿滿的紅豆餡，
做出懷舊的樸實滋味，
就像小時候放在客廳的點心。
切成適口大小，
請直接用手拿著吃。
剛放涼時表面脆硬，
隨著時間經過，變得濕潤入味，
兩種都相當好吃。
務必添加肉桂粉。

3 紅豆派

◎材料（5cm見方的派餅4個份）

【派皮麵團】

低筋麵粉……80g

奶油（無鹽）……50g

牛奶……20ml

鹽……少許

乾紅豆餡……4大匙（80g）

市售的澀皮糖煮栗子（或去皮糖煮栗子）……4個

蛋液……適量

◎事先準備

・每顆栗子都用1大匙的紅豆餡包起來。

・烤盤上鋪好烘焙紙。

1 製作派皮麵團。調理盆中放入奶油、牛奶和鹽，隔水加熱（底部墊熱水）融化，用打蛋器攪拌均勻。

2 篩入低筋麵粉，拿橡皮刮刀切拌至沒有粉粒。用保鮮膜包起來壓平，放進冰箱靜置30分鐘。

3 麵團切成4等分，放在保鮮膜上用擀麵棍擀成2mm厚的四方形，放上紅豆餡+栗子包起來，捏緊收口處。鬆鬆地蓋上保鮮膜，放進冰箱靜置30分鐘。

4 烤箱預熱至190℃。把**3**排在烤盤上，表面塗抹蛋液，放進190℃的烤箱烤20分鐘至金黃上色。

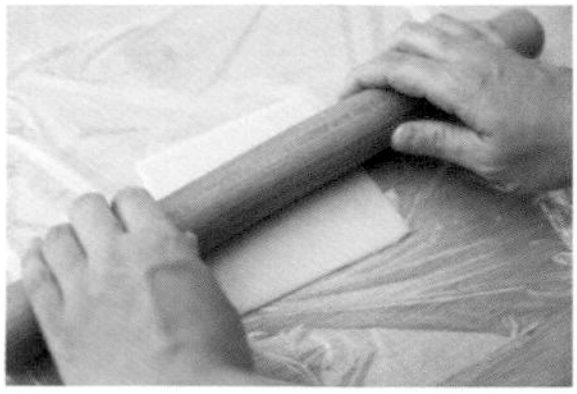

麵團分成4等分，用擀麵棍擀成2mm厚（7x7cm）的四方形。拿刀子把派皮4邊切整齊。

將裹好栗子的紅豆餡放在正中間，用派皮包起來。手指壓住收口處充分捏緊。不放栗子也很好吃。

滿溢小語 紅豆餡 2

母親和紅豆餡

我一直以為紅豆餡是「要過濾的食材」。會這麼說是因為媽媽不喜歡吃紅豆粒餡（媽媽很討厭豆皮留在口中的感覺），家裡做的紅豆餡都是紅豆沙。或許是物極必反吧，長大後知道紅豆粒餡的存在時，便迷上那粒粒分明的口感，有段期間只吃紅豆粒餡。

想做紅豆餡西點時，
腦海最先浮出這一道。
雖然目前在日本各地的
日式和西式甜點店都看得到，
但小時候第一次吃到時，
心裡覺得好新穎的點心啊！
大口咀嚼剛烤好的酥鬆派餅。

4 紅豆司康

◎材料（直徑5cm的圓模5個份）

A［低筋麵粉……120g
　泡打粉……略多於1小匙

奶油（無鹽）……40g

乾紅豆餡……200g

【鮮奶油】

鮮奶油……100ml

細蔗糖……1大匙

◎事先準備

・奶油切成1cm丁狀，放在冰箱冷藏備用。

・烤盤上鋪好烘焙紙。

1 調理盆中倒入**A**，用手繞圈混拌，把奶油放入正中間，用叉子切細混合。切拌至看不到奶油塊呈鬆散狀即OK。

2 加入紅豆餡，用橡皮刮刀混拌，讓紅豆餡的水份慢慢滲入麵粉間融合。搓拌至耳垂般硬度後，按壓成團用保鮮膜包起來，放進冰箱靜置1小時。

＊若是難以黏結成團，可分次少量地加入1～2大匙牛奶。

3 烤箱預熱至170℃。麵團用擀麵棍擀成2.5cm厚的麵皮，以圓模切取後排在烤盤上，放入170℃的烤箱中烤25分鐘。烤至金黃上色後取出試壓，略帶彈性的話即完成。附上加了砂糖打發的柔軟鮮奶油。

＊因為紅豆餡帶水份，不好烤熟，祕訣在於延長時間慢慢烤透。

麵粉加入奶油後，用叉子（或刮板）細細切拌至融入麵粉中。也可以放入食物調理機中攪打。

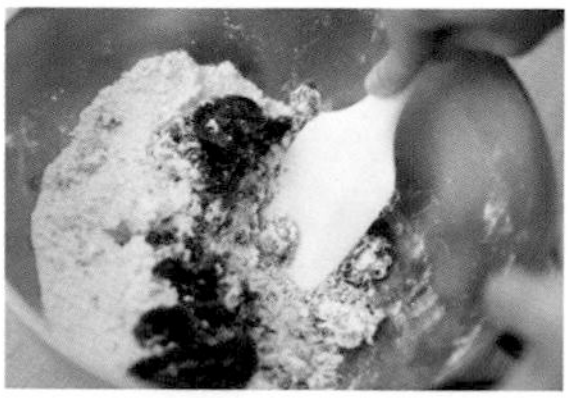

用橡皮刮刀按壓紅豆餡，搓拌至水份和麵粉融合。大約如耳垂般的軟硬度即可。也可以放入食物調理機中攪打。

比起若有似無的食材，
更喜歡能直接傳達出味道的點心。
所以對我而言，
存在感明顯的紅豆就是紅豆餡點心的重點。
加入充分烤透的紅豆餡，
做出表面脆硬，內部帶有紅豆餡綿密感的成品。
搭配打到鬆軟的鮮奶油相當對味。

5 紅豆杏桃馬芬

◎材料（直徑7cm的馬芬模5個份）

A［低筋麵粉……130g
　泡打粉……½小匙

鮮奶油……80g

細蔗糖……30g

雞蛋……1個

豆漿（原味無糖）……2大匙

乾紅豆餡……150g

杏桃乾……4個＊

＊建議使用帶有酸味的類型

◎事先準備

・杏桃乾切成4等分。

・在烤模上鋪好紙杯。

・烤箱預熱至170℃。

1 把鮮奶油和砂糖倒入調理盆中，打發至尖角挺立。加入雞蛋，迅速攪拌均勻。

2 篩入已混合的A，用橡皮刮刀切拌至剩下少許粉粒時加入豆漿，切拌均勻。倒入紅豆餡和杏桃，繞大圈混拌2～3次。

＊重點在於保持紅豆餡的塊狀口感，不要過度攪拌。

3 倒入烤模中，放進170℃的烤箱中烤22分鐘。拿竹籤插入中心，沒有沾上麵糊即完成。脫模放涼。

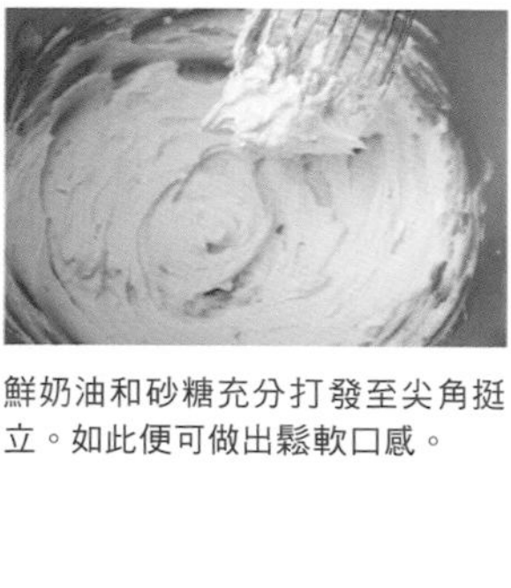

鮮奶油和砂糖充分打發至尖角挺立。如此便可做出鬆軟口感。

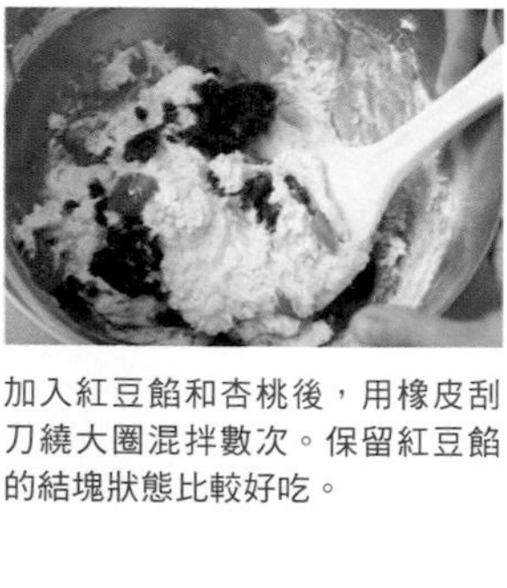

加入紅豆餡和杏桃後，用橡皮刮刀繞大圈混拌數次。保留紅豆餡的結塊狀態比較好吃。

滿溢小語 紅豆餡 3

大人和紅豆沙

紅豆沙、紅豆粒餡都試過一輪後，我再次回到紅豆沙的懷抱。這次不是要和誰合作（？），而是自己選的紅豆餡。對不喜歡甜膩紅豆餡的我而言，紅豆沙充滿優雅的成熟魅力。然而，比我資深的紅豆餡前輩曾對我說，妳會再次回到紅豆粒餡的時代（而且說中了）。

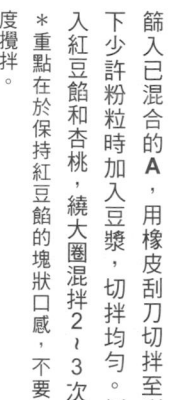

提到搭配紅豆餡的水果，
我最先想到杏桃。
甜味柔和的紅豆餡中，
加入酸甜多汁的杏桃，
有畫龍點睛之效。
以鮮奶油做出質地輕盈的麵糊，
放涼也不易變硬，
很推薦當成禮物。

6 紅豆脆餅

◎材料（10cm長的餅乾約30片份）

低筋麵粉……100g
細蔗糖……30g
雞蛋……1個
太白胡麻油……1大匙（12g）
蜜紅豆（作法見58頁）……100g
核桃（烤過）……80g

◎事先準備

・杏核桃切粗粒。
・沿著烤盤裁剪烘焙紙。
・烤箱預熱至180℃。

1 調理盆中放入雞蛋和砂糖，隔水加熱（底部墊沒沸騰的熱水）拿電動攪拌器以高速打發。加溫到體溫程度（手指觸碰有微溫感）後移開熱水，打發至蓬鬆狀態，倒油稍微混拌。

2 篩入低筋麵粉，用橡皮刮刀切拌到只剩少許粉粒時加入蜜紅豆和核桃，混拌至看不到粉粒。

3 倒在烘焙紙上，手沾水整型成10x20cm的橢圓形，放入180℃的烤箱中烤20分鐘。

4 散熱後用刀子切成7mm厚，切面朝上排入烤盤，放入預熱到180℃的烤箱中烤20分鐘。取出置於烤盤上放涼。

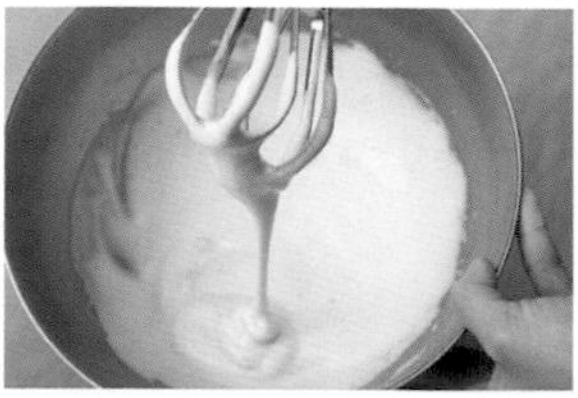

雞蛋和砂糖隔水加熱，拿電動攪拌器以高速打發至蓬鬆狀態。撈起蛋糊時，有清楚的摺疊痕跡，不會立刻消失。

將麵團放在烘焙紙上，手上沾少許水整型成10x20cm的橢圓形。以約2cm厚為標準。

放入180℃的烤箱中烤20分鐘，放涼後切成7mm厚。盡量切成厚度一致的薄片，口感才脆硬。

因為切得很薄，
紅豆的口感就像堅果般脆硬。
無論是剛烤好時的熱度，或是完全放涼
都很容易碎裂，所以最好等稍微散熱時再切片。
配上核桃的香氣，
喀滋喀滋的口感讓人停不了手。

7 紅豆快速麵包

快速麵包利用
優格和泡打粉發麵。
想到時立刻就能做，
也很適合當早餐。
烤得小小的，
品嘗麵皮的香氣。
我喜歡出爐時先稍微放涼，
再放上整塊奶油享用。

↓ 作法見36頁

8 柚香紅豆布朗尼

雖然是無奶油布朗尼，
但加了紅豆餡，
做出濕潤又有飽足感的甜點。
因為巧克力和柑橘類相當對味，
以柚子醬增添日式風味。
當然選用柑橘醬也OK。
建議挑選果皮多的果醬。

↓ 作法見37頁

9

紅豆豆腐舒芙蕾起司蛋糕

質地輕盈，入口即化的起司蛋糕，
吃得到淡淡的豆腐清香，
重點是隨意撒上的紅豆餡碎塊。
時而露臉的紅豆餡，
實在是相當可愛。

↓作法見38頁

10 米戚風蛋糕三明治 紅豆＋鮮奶油

夾了鮮奶油和季節果醬的戚風蛋糕三明治，是我店內的招牌菜單。餐廳使用的是低筋麵粉，這裡改用米麵粉，做出來的口感更鬆軟。請用粉粒細緻的烘焙用米麵粉試試看吧。

↓ 作法見39頁

7 紅豆快速麵包

◎材料（直徑6cm的麵包4個份）

A
- 高筋麵粉……120g
- 泡打粉……1小匙
- 肉桂粉……¼小匙
- 鹽……一小撮

B
- 原味優格……60g
- 乾紅豆餡……60g
- 太白胡麻油……10g
- 細蔗糖……10g

核桃（烤過）……15g

◎事先準備
- ・核桃切粗粒。
- ・烤盤上鋪好烘焙紙。
- ・烤箱預熱至200℃。

1 調理盆中放入B用打蛋器繞圈攪拌，篩入混合均勻的A，用橡皮刮刀切拌。

2 變得鬆散後加入核桃，用手搓揉至沒有粉粒，黏結成團。

3 麵團分成4等分滾圓，排在烤盤上，撒上高筋麵粉（份量外），用刀子往下劃一道深⅓的切線。放入200℃烤箱中烤18～20分鐘直到金黃上色。

＊稍微散熱後最好吃。一旦放涼就會變硬，請放入烤箱重新加熱。

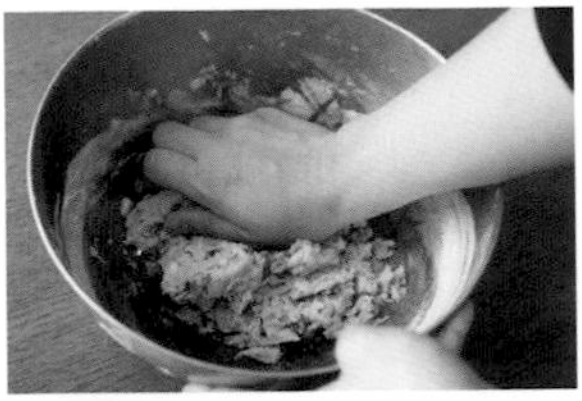

將粉類篩入優格、紅豆餡和油等配料間，用橡皮刮刀混拌，加入核桃後，用手搓揉到麵團無粉粒。

麵團分成4等分，滾圓為直徑5cm大小後，用刀子往下劃一道深1/3的切線，比較容易烤熟。

滿溢小語 紅豆餡 4

外公和紅豆餡

外公是個文人雅士（年過95還神采奕奕！），平日就種些野花野草、收集美術品等。他也很愛吃美食，經常收到京都友人寄來的老店紅豆餡點心。包裝精美宛如珍寶。這時，外公就會拿出珍藏的茶葉泡茶。這樣的紅豆餡經驗，深深影響到我對紅豆餡的喜好。

8 柚香紅豆布朗尼

◎材料（15 x 15 cm的方形烤模1個份）

A
- 巧克力片（黑巧克力）……80 g
- 太白胡麻油……40 g

乾紅豆餡……100 g

柚子果醬……50 g

B
- 低筋麵粉……40 g
- 可可粉……1大匙
- 泡打粉……¼小匙

細蔗糖……10 g

雞蛋……1個

牛奶（或是原味無糖豆漿）……20 ml

核桃（烤過）……40 g

◎事先準備

- 巧克力片切粗塊，和油一起放入調理盆中隔水加熱（底部墊熱水）融解，墊著熱水備用。
- 核桃切粗粒。
- 烤盤上鋪好烘焙紙。
- 烤箱預熱至170℃。

1 雞蛋打入調理盆中，倒入砂糖用打蛋器攪拌溶解，依序加入柚子果醬、紅豆餡和牛奶，每次都要攪拌均勻。加入**A**，稍微混拌。

2 篩入混合均勻的**B**，用橡皮刮刀由底部往上撈的方式混拌到只剩少許粉粒時，倒入核桃迅速混拌。

3 倒在烤模上並抹平，放進170℃的烤箱中烤20分鐘。拿竹籤插入中間，沒有沾上黏稠的麵糊即完成。置於烤模中放涼。

＊請注意若是烤太久，會失去濕潤感。

將融化的巧克力加入蛋糊中，篩入粉類後，放入核桃用橡皮刮刀迅速攪拌到沒有粉粒。

柚子果醬的甜度依品牌而異，太甜的話請減少砂糖用量。

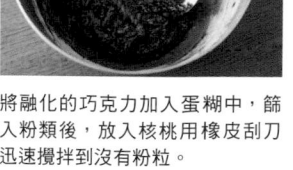

9 紅豆豆腐舒芙蕾起司蛋糕

◎材料（直徑15cm的活動式圓模1個份）

奶油起司……100g

嫩豆腐……½塊（150g）

細蔗糖……70g

雞蛋……2個

鮮奶油……100ml

玉米粉……3大匙

檸檬汁……2小匙

乾紅豆餡……150g

◎事先準備

- 用廚房紙巾包住整塊豆腐，上面放盤子等重物壓置2小時以上，去除水份後剩100g，過篩成泥。
- 奶油起司放進微波爐加熱40～50秒軟化。
- 雞蛋將蛋黃蛋白分開。
- 烤盤上鋪好烘焙紙，烤模外側包上鋁箔紙。
- 烤箱預熱至160℃。

1 奶油起司放入調理盆中，用橡皮刮刀攪拌滑順，換拿打蛋器攪拌至蓬鬆狀態。

2 加入⅓份量的砂糖、豆腐用打蛋器攪拌，依序加入玉米粉（篩入）、蛋黃、鮮奶油和檸檬汁，每次都要攪拌均勻，倒入篩網過濾。

3 另取一調理盆放入蛋白，拿電動攪拌器高速打發，變得蓬鬆後分2次加入剩餘的砂糖，打發至質地細緻，前端柔軟彎曲。

4 在**2**的調理盆中加入一些蛋白霜，用打蛋器攪拌均勻後，再把這些倒回原本裝蛋白霜的調理盆中，拿橡皮刮刀由底部往上撈的方式混拌至看不到白色紋路。

5 倒入烤模，放入剝成一口大小的紅豆餡，在工作台上輕敲讓紅豆餡沉入麵糊中。放在烤盤上倒入1～2cm高的熱水，送進160℃的烤箱烤50分鐘。置於烤模中放涼，降溫後放進冰箱冷藏半天～一晚。

用電動攪拌器打發蛋白，打到快拉出挺立尖角，質地細緻前端微彎的柔軟狀態。

起司麵糊完成後，放滿剝成一口大小的紅豆餡。

在工作台上咚咚地輕敲烤模，待紅豆餡略為下沉後放入烤箱烘烤。

10 米戚風蛋糕三明治 紅豆＋鮮奶油

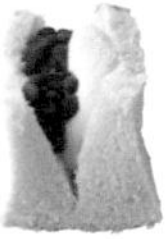

◎材料（直徑17cm的戚風蛋糕模1個份）

米麵粉（烘焙用材料）……70g
細蔗糖……70g
雞蛋……4個
豆漿（原味無糖）……40ml
太白胡麻油……2大匙（25g）
香草莢……¼根

【鮮奶油】

鮮奶油……150ml
細蔗糖……1又½大匙
紅豆粒沙……適量

◎事先準備

- 香草莢縱向對半切開，用刀子刮出裡面的香草籽。
- 雞蛋將蛋黃蛋白分開。
- 烤箱預熱至170℃。

1 調理盆中放入蛋黃、⅓份量的砂糖和香草籽，用打蛋器攪散，依序倒入油和豆漿，每次都要攪拌均勻。篩入米麵粉，混拌至麵糊無粉粒。

2 另取一調理盆倒入蛋白，底部墊冰水用電動攪拌器以高速打發，變得蓬鬆後分2次倒入剩下的砂糖，打發成尖角挺立的蛋白霜。

3 在**2**的調理盆中加入一些蛋白霜，用打蛋器攪拌均勻後，倒回原本裝蛋白霜的調理盆中，拿橡皮刮刀由底部往上撈的方式迅速混拌至看不到白色紋路。

4 倒入烤模，放進170℃的烤箱中烤30分鐘，出爐後立刻連同烤模倒扣在瓶子上放涼。降溫後放進冰箱冷藏1小時（方便脫模）。

5 在調理盆中倒入鮮奶油的材料，底部墊冰水打發成尾端微彎的狀態。**4**脫模切成8等分，中間切出較深的開口，各放入2大匙鮮奶油和紅豆餡夾住即可。

使用烘焙用的「Riz Farine」米麵粉。可以烤出質地鬆軟輕盈的點心。

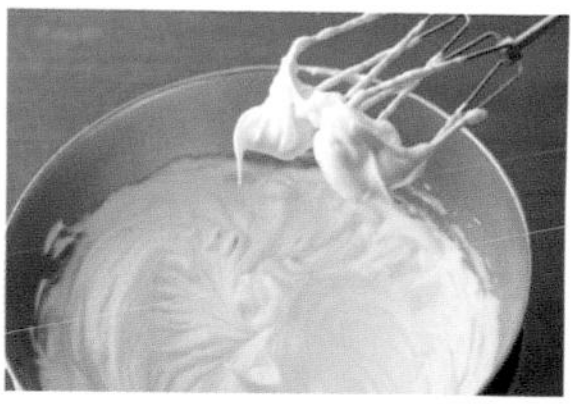

蛋白用電動攪拌器高速打發，打成尖角挺立的狀態。墊冰水是為了打出細緻質地。

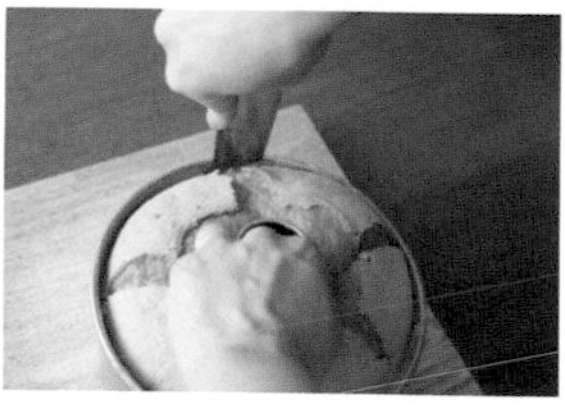

脫模時，拿刀子依序貼緊烤模側邊 ➡ 圓筒側邊 ➡ 底部移動，取出蛋糕。

11 西伯利亞蛋糕

◎材料（15 x 15cm的方形烤模1個份）

低筋麵粉……90g

細蔗糖……80g

雞蛋……3個

A
- 奶油（無鹽）……20g
- 蜂蜜……10g
- 牛奶……1大匙

【羊羹】

紅豆沙……300g

B
- 細蔗糖……20g
- 寒天粉……1小匙
- 水……200ml

◎事先準備

・A混合均匀隔水加熱融化備用。

・在烤模上鋪好烘焙紙。

・烤箱預熱至170℃。

1 調理盆中放入雞蛋和砂糖，隔水加熱（底部墊沒沸騰的熱水）用電動攪拌器高速打發。加溫到體溫程度後移開熱水，繼續打發蓬鬆（參考30頁），最後轉低速調整質地。

2 篩入低筋麵粉，用橡皮刮刀由底部往上撈的方式混拌，加入已混合的A，用同樣的方式迅速混拌均勻。

3 倒入烤模，放入170℃的烤箱中烤25分鐘，脫模後輕輕地放入大塑膠袋內放涼。從側邊對半切開，把下面那片蛋糕放回鋪好烘焙紙的烤模中。

4 製作羊羹。小鍋中倒入B混合，開中火用耐熱刮刀不停地攪拌加熱，沸騰後熄火。加入紅豆沙攪拌，轉小火煮至完全沸騰。

5 4的底部墊冰水用橡皮刮刀由底部往上翻攪，降溫後倒入烤模中，再放上另一片海綿蛋糕夾住。放在陰涼處1小時凝固，脫模後，拿加熱過的刀子切除邊緣，縱向、橫向分別對半切開→斜對角對半切開。

融化的奶油、蜂蜜和牛奶攪拌均勻後倒入麵糊中，用橡皮刮刀由底部往上撈的方式迅速混拌。

海綿蛋糕從側邊對半切開，依下半部→羊羹液→上半部的順序放入烤模中夾起。

＊請留意，寒天一定要煮沸才會凝固。

在傳統麵包店、
西點店看到的西伯利亞蛋糕，
是用蜂蜜蛋糕夾住羊羹的點心。
對我來說味道偏甜，
所以用充滿奶油香氣的大塊海綿蛋糕，
包住羊羹薄片。
建議稍微冷藏後再吃。

12 紅豆鮮奶油黃豆粉蛋糕捲

◎材料（28 x 28cm的烤盤1片份）

A［低筋麵粉……50g
　　黃豆粉……20g

細蔗糖……70g
雞蛋……4個
豆漿（原味無糖）……50ml
太白胡麻油……2大匙（25g）

【紅豆奶油】
乾紅豆餡……150g
鮮奶油……150ml

◎事先準備
- 雞蛋將蛋黃蛋白分開。
- 烤盤上鋪好烘焙紙。
- 烤箱預熱至200℃。

1 調理盆中倒入蛋黃、⅓份量的砂糖用打蛋器攪散，依序加入油、豆漿，每次都要攪拌均勻。

2 另取一調理盆放入蛋白，底部墊冰水用電動攪拌器高速打發，變得蓬鬆後分2次加入剩下的砂糖，打成尖角挺立的狀態。

3 在蛋白霜的調理盆中分次少量地加入**1**，用打蛋器攪拌均勻，篩入已混合的**A**，繞圈攪拌。拿橡皮刮刀由底部往上撈的方式混拌並調整質地。

4 倒入烤盤中抹平，輕敲工作台除去麵糊中的氣泡，放入200℃的烤箱中烤12分鐘。連著烘焙紙一起放涼，稍微降溫後輕輕地蓋上保鮮膜放涼。

5 製作紅豆奶油。調理盆中放入鮮奶油，底部墊冰水打發成尾端微彎的狀態，加入紅豆餡稍微混拌。撕開**4**的烘焙紙，烤上色的部分朝上放在保鮮膜上，整體塗上奶油抹勻，由身體這側往前捲起，用保鮮膜包好整條蛋糕放進冰箱冷藏30分鐘以上。

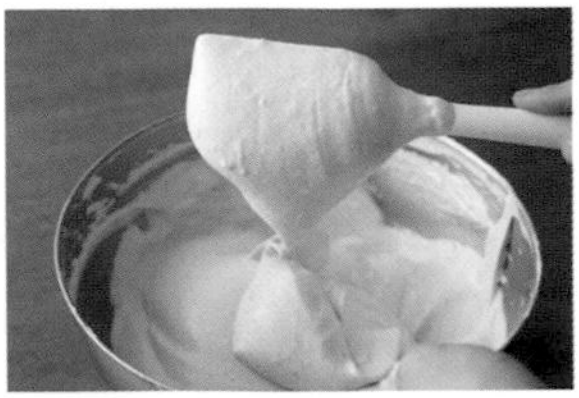

篩入粉類，用打蛋器攪拌到幾乎看不見粉粒後，換拿橡皮刮刀由底部往上撈的方式混拌並調整質地。

海綿蛋糕放涼後，拿橡皮刮刀全部抹上奶油，另一端留4cm不抹。

拿起蛋糕從身體這側一口氣往前捲起。因為蛋糕質地柔軟厚度夠，初學者也能輕易捲起。

蛋糕體加了大量香氣十足的黃豆粉，
烤得綿軟細緻，入口即化。
以黃豆粉、豆漿和紅豆餡，
盡情運用豆類製品做成的蛋糕捲。
挑選深焙黃豆粉的話，
風味更加飽滿扎實，相當好吃，
若有找到該食材務必試做看看。

13 白豆沙薑汁費南雪

◎材料（8 x 4 cm的費南雪烤模6個份）

A
- 杏仁粉……40 g
- 低筋麵粉……30 g
- 泡打粉……⅓小匙

B
- 白豆沙……50 g
- 細蔗糖……20 g
- 太白胡麻油……20 g

蛋白……2個份

【薑糖】
- 生薑……2小塊（淨重30 g）
- 細蔗糖……20 g
- 蜂蜜……10 g
- 水……200 ml

◎事先準備
- 烤箱預熱至180℃。

1 煮薑糖。生薑切末，和其他材料一起放入小鍋中，不時地攪拌並開中火加熱，沸騰後轉小火煮10～15分鐘熄火放涼。

2 調理盆中倒入B、1，用橡皮刮刀充分攪拌至滑順，加入蛋白，拿刮刀在底部以磨擦按壓的方式搓拌均勻。篩入混合的A，切拌至麵糊無粉粒。

3 倒入烤模至8分滿，放進180℃的烤箱中烤18分鐘直到金黃上色。脫模後放涼。

＊若是用15 x 15 cm的方形烤模做，則為1個烤模份。烘烤時間是180℃烤18～20分鐘。放涼後切成適口大小。

鍋中放入薑末、砂糖、蜂蜜和水開小火煮10～15分鐘，熬煮到水份幾乎收乾即完成薑糖。

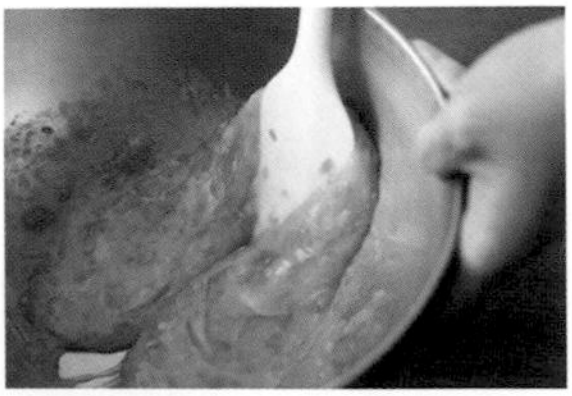

加入蛋白後，用橡皮刮刀在調理盆底部以磨擦按壓的方式搓拌。攪打起泡的話口感會變差，所以用刮刀才是上策。

滿溢小語 紅豆餡 5

外婆和紅豆餡

外婆非常喜歡下田工作（雖然年近百歲還充滿活力！）。一到彼岸或插秧時期，就是外婆開始做紅豆餡的時候。在糯米粉中加入魁蒿蒸熟後做成笹糰子。還有超大萩餅（原本我以為這是標準尺寸，到了東京接受震撼教育後才改觀）。我總是坐在一旁試味道。

費南雪原本是用大量的焦化奶油製作，
這裡改用白豆沙
烤出濕潤的日式風味。
以淡淡的杏仁味和薑糖
帶出味道層次。
沒有專屬烤模的話，
用方形模或小型磅蛋糕烤模
烘烤後再切片也ＯＫ。

對喜歡黑芝麻和堅果的我而言，紅豆餡、堅果、香味撲鼻的餅皮，是最強的組合。不僅是中華街，到台灣或越南等亞洲地區旅行，一下飛機就先找這道點心。

14 月餅

◎材料（直徑7cm的月餅6個份）

A
- 低筋麵粉……60g
- 泡打粉……一小撮

B
- 細蔗糖……20g
- 太白胡麻油……½大匙
- 水……½大匙

雞蛋……½個份

【芝麻紅豆餡】
- 乾紅豆餡……180g
- 黑芝麻醬……1又½小匙
- 核桃、杏仁、松子等（全是烤過的堅果）……合計30g

◎事先準備
- ・堅果切粗粒，和芝麻紅豆餡的其他材料混合均勻，分成6等分排放在保鮮膜上。
- ・烤盤上鋪好烘焙紙。
- ・烤箱預熱至170℃。

1 調理盆中放入半量的雞蛋和B，用打蛋器攪拌滑順。

2 篩入A，用橡皮刮刀切拌至麵團無粉粒。

3 麵團分成6等分滾圓，放在保鮮膜上撒上低筋麵粉（份量外），用擀麵棍擀成2mm厚，放上芝麻紅豆餡包起來。收口朝下輕壓，上面用餅乾模等壓出花紋，排入烤盤表面塗上剩餘的蛋液，放進170℃的烤箱中烤22分鐘。

＊降溫後可放進塑膠袋或用保鮮膜包起來，放到隔天之後變綿密最好吃。

在台灣當地是用豆漿加石膏稍微凝固，再放上豆類或水果等配料品嘗。夏天吃冰的，冬天喝熱的。

15 豆花

◎材料（4～5人份）

A
- 豆漿（原味）……300 ml
- 嫩豆腐……⅓塊（100 g）
- 細蔗糖……1大匙
- 吉利丁粉……2小匙
- 水……1大匙

【薑汁糖水】
- 細蔗糖……50 g
- 水……150 ml
- 薑汁……2小匙

花生仁（有的話）、紅豆粒沙……各適量

◎事先準備
- 豆腐用篩網過篩成泥，或是放入食物調理機攪打滑順。
- 吉利丁粉倒入水中浸泡膨脹備用。

1 小鍋中放入**A**，用橡皮刮刀攪拌滑順。開中火拿耐熱刮刀一邊攪拌一邊加熱到鍋邊快要開始冒泡熄火，倒入泡開的吉利丁攪拌溶解。

2 過篩倒進調理盆中，底部墊冰水邊攪拌邊充分冷卻，倒入鋼盆放進冰箱冷藏3小時以上凝固。

＊墊冰水冷卻避免上下分離使其容易凝固。

3 製作薑汁糖水。小鍋中倒入砂糖和水開火加熱，稍微煮滾待砂糖溶解後熄火，加入薑汁放涼。花生仁泡水靜置一晚，放入熱水中煮軟。

4 將**2**盛入碗中，依喜好放上**3**、紅豆餡即可。

乾紅豆餡
（紅豆粒餡）
紅豆沙餡
（紅豆粒餡）

紅豆餡的基本煮法

煮紅豆餡的工序相當簡單，只需將豆子煮軟並加糖。不過，要煮出成功美味的紅豆餡，可留意幾項重點。

控制撈除浮沫的次數，保留紅豆風味

煮紅豆時，藉由去澀（倒掉煮湯用水）步驟將豆子煮至中心全軟，再撈除浮沫去除紅豆澀味。不過，目前在超市購買的中等價位紅豆，品質沒有那麼差。一旦撈除浮沫的次數過多，就會流失甜味，造成美中不足。請控制次數。

確實煮到完全軟化

加了砂糖後，紅豆就煮不軟，而且一放涼外皮就會縮起來，甚至會覺得外皮太硬。紅豆在水煮的階段，務必煮到完全軟化。

＊依照口味，砂糖的量可以減少10％～20％也沒有問題。

控制火力避免紅豆破皮

加熱的火力如果太大，紅豆就會裂開，豆仁不斷地流出來只剩外皮。變成口感差的紅豆餡。雖然要煮到完全不破皮很難，但火力請保持在紅豆微微滾動的程度。再加上2次「燜燒」的作業，雖然很費時，卻能在不強加壓力的情況下煮到鬆軟。

加糖後一口氣煮好

水煮結束加完糖後，以稍大的火力一口氣加熱，就能在短時間內煮好且不影響風味。熄火後，因為紅豆的吸水性相當高會收乾水份，煮到希望的軟硬度前再熄火。

乾紅豆餡（紅豆粒餡）

本書中最常用的紅豆餡。
把紅豆全數放入熱水中，
讓水份滲透到豆心，
煮軟豆子。
加糖後收乾水份，
煮到適當的軟硬度，
用來做烘焙點心也很方便。
只有這道紅豆餡要加鹽。
鹽份可以提出紅豆的甜味。

◎材料（成品約600g）
紅豆……200g
砂糖……160g
（豆量的80%）
鹽……兩小撮

1 用熱水煮

在厚鍋中倒入 2 杯水（豆量的 2 倍）開火加熱，充分煮滾後加入洗淨的紅豆，再次沸騰後轉中火煮 5 分鐘。

將紅豆倒進濾網瀝出湯汁。

2 倒掉湯汁（去澀）

加 1.5 杯的水，再次煮滾後轉中火煮 5 分鐘，熄火蓋上鍋蓋燜 30 分鐘。
＊中途加水降低溫度，紅豆比較容易煮軟

透過燜燒讓紅豆皮的皺褶舒展開來，整體軟硬度一致。

3 從冷水開始煮（水煮）

把紅豆倒回鍋中，加入 3 杯水開大火加熱，沸騰後，轉小火力（中小火）讓紅豆保持微微滾動的程度繼續煮。
＊注意火太大的話，紅豆會破皮

每次當紅豆露出水面後，就再倒入 1 杯水，不加鍋蓋邊煮邊撈除浮沫。

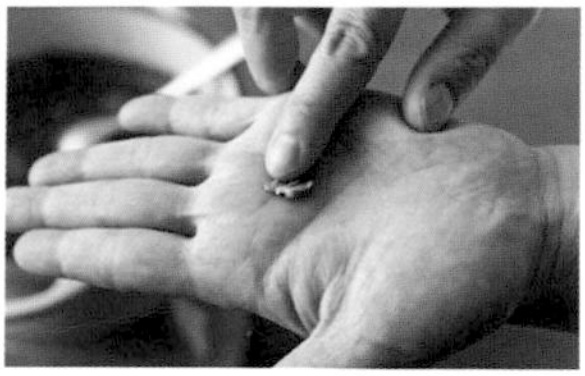

煮到軟化後，選出顏色最深看起來最硬的紅豆，稍微放涼用手指擠壓，若能輕鬆壓破即OK。

＊如果還很硬，就繼續煮

4 燜燒

熄火，蓋上鍋蓋燜 30 分鐘以上。

＊晚上煮到這邊，也可以靜置一晚。天氣熱時放涼後再放進冰箱

燜好後，連豆心都充分軟化，顏色稍微變淡。

◎保存方法與期限

放涼後倒入保存容器，置於冰箱約可放 4 天。分裝後用保鮮膜包起來放入夾鏈袋中，置於冷凍庫約可放 2 週。

5 加糖

把調理盆放在濾網下倒出紅豆，再倒回鍋中。

倒掉調理盆上層的紅豆水，將沉澱在盆底色澤濃郁的紅豆餡倒回鍋中。

＊也可以斜放調理盆靜置數分鐘

加糖，用橡皮刮刀輕輕拌勻不要壓碎紅豆，開中火加熱。沸騰後轉中小火邊煮邊拿耐熱刮刀不停地攪拌。小心紅豆會噴濺。

煮到用刮刀劃開紅豆餡會看到鍋底，片刻後又恢復原狀時即OK。加鹽拌勻熄火。

＊煮到微濕的程度最恰當。

紅豆粒沙
（紅豆粒餡）

適合當配料或直接吃的紅豆餡。
加糖後再煮一下才熄火。
接著讓甜味慢慢地融入豆餡中。
希望口感清爽，所以不加鹽。

◎材料（成品約700g）
紅豆……200g
砂糖……240g
（豆量的120%）

1 用熱水煮

在厚鍋中倒入 2 杯水（豆量的 2 倍）開火加熱，充分煮滾後加入洗淨的紅豆，再次沸騰後轉中火煮 5 分鐘。

將紅豆倒進濾網瀝出湯汁。

2 倒掉湯汁（去澀）

加 1.5 杯的水，再次煮滾後轉中火煮 5 分鐘，熄火蓋上鍋蓋燜 30 分鐘。

＊中途加水降低溫度，紅豆比較容易煮軟

透過燜燒讓紅豆皮的皺褶舒展開來，整體軟硬度一致。

3 從冷水開始煮（水煮）

把紅豆倒回鍋中，加入 3 杯水開大火加熱，沸騰後，轉小火力（中小火）讓紅豆保持微微滾動的程度繼續煮。

＊注意火太大的話，紅豆會破皮

每次當紅豆露出水面後，就再倒入 1 杯水，不加鍋蓋邊煮邊撈除浮沫。

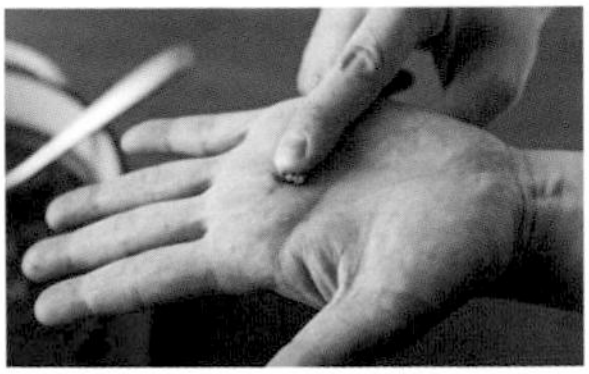

煮到軟化後，選出顏色最深看起來最硬的紅豆，稍微放涼用手指擠壓，若能輕鬆壓破即OK。

＊如果還很硬，就繼續煮

4 燜燒

熄火，蓋上鍋蓋燜 30 分鐘以上。

＊晚上煮到這邊，也可以靜置一晚。天氣熱時放涼後再放進冰箱

燜好後，連豆心都充分軟化，顏色稍微變淡。

5 加糖

把調理盆放在濾網下倒出紅豆，再倒回鍋中。倒掉調理盆上層的紅豆水，將沉澱在盆底色澤濃郁的紅豆餡倒回鍋中。

＊也可以斜放調理盆靜置數分鐘

加糖，用橡皮刮刀輕輕拌勻不要壓碎紅豆，開中火加熱。沸騰後轉中小火邊煮邊拿耐熱刮刀不停地攪拌。小心紅豆會噴濺。

煮到水份略收呈濃稠狀，紅豆稍微露出水面即可熄火。

◎保存方法與期限

放涼後倒入保存容器，置於冰箱約可存放 4 天。分裝後用保鮮膜包起來放入夾鏈袋中，置於冷凍庫約可存放 2 週。

紅豆沙

剛開始自己做時，總覺得好麻煩！可是好好吃喔！我減少了水洗的次數。

◎材料（成品約500g）
紅豆……200g
砂糖……160g
（豆量的80%）
＊可洗出450g的生豆沙和350g的紅豆皮

1 用熱水煮

在厚鍋中倒入 2 杯水（豆量的 2 倍）開火加熱，充分煮滾後加入洗淨的紅豆，再次沸騰後轉中火煮 5 分鐘。

將紅豆倒進濾網瀝出湯汁。

2 倒掉湯汁（去澀）

加 1.5 杯的水，再次煮滾後轉中火煮 5 分鐘，熄火蓋上鍋蓋燜 30 分鐘。

＊中途加水降低溫度，紅豆比較容易煮軟

透過燜燒讓紅豆皮的皺褶舒展開來，整體軟硬度一致。

3 從冷水開始煮（水煮）

把紅豆倒回鍋中，加入 3 杯水開大火加熱，沸騰後，轉小火力（中小火），讓紅豆保持微微滾動的程度繼續煮，湯汁減少的話就加入 1 杯水，邊煮邊撈除浮沫。

煮到軟化後，選出顏色最深看起來最硬的紅豆，用手指能輕鬆壓破的話即可熄火。

＊如果還很硬，就繼續煮

4 燜燒

蓋上鍋蓋燜 30 分鐘以上。燜好後，連豆心都充分軟化，顏色稍微變淡。

5 壓碎過篩

把調理盆放在濾網下，倒出紅豆瀝掉調理盆上層的紅豆水，保留沉澱在盆底的紅豆餡。用橡皮刮刀壓碎紅豆。

＊也可以用細小的自來水邊沖洗邊壓。

紅豆全部壓碎後，倒入細目篩網再次過篩的話，能讓口感更滑順。

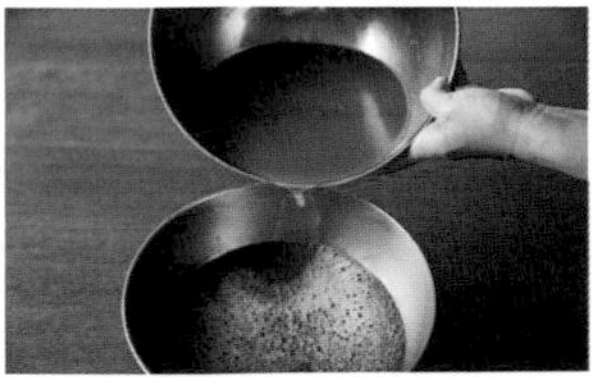

調理盆靜置 15 分鐘，倒掉上層紅豆水。注入大量清水靜置 15 分鐘，再倒掉上層紅豆水，再注入一次清水靜置 15 分鐘。

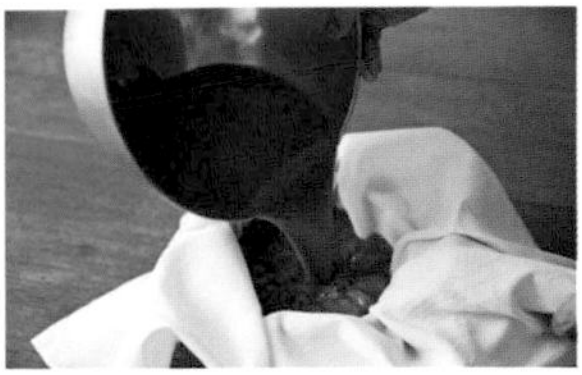

把布巾（或是加厚的廚房紙巾）鋪在濾網上，倒入所有紅豆沙。

用布巾把紅豆沙包起來，充分擰乾水份。留在布巾中的就是生豆沙。

6 加糖

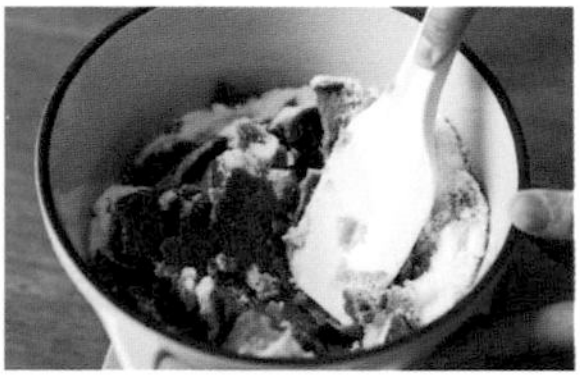

鍋中倒入 ¼ 杯的水和砂糖，放入生豆沙用橡皮刮刀攪拌並開中火加熱。沸騰後轉中小火一邊拿耐熱刮刀不停地攪拌一邊熬煮。小心紅豆會噴濺。

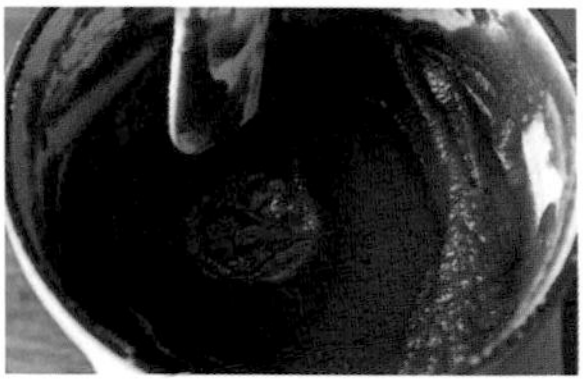

拌到如卡士達奶油黏成團後熄火。

＊保存方法與期限同「乾紅豆餡」（51 頁）

白豆沙

因為豆子較大，須泡水一晚。
火力要調整得比紅豆餡還小。
因為豆皮硬容易留在口中，
請濾掉半數豆子的豆皮。

◎材料（成品約500g）
白腰豆（白扁豆）……200g
砂糖……160g
（豆量的80%）

0 事先準備

白腰豆洗淨加 3 杯水（豆量的 3 倍），浸泡一晚。

1 用熱水煮

在厚鍋中倒入 2 杯水（豆量的 2 倍）開火加熱，充分煮滾後加入洗淨的白腰豆，再次沸騰後轉中火煮 5 分鐘。

2 倒掉湯汁（去澀）

加 1.5 杯的水，再次煮滾後轉中火煮 5 分鐘，熄火蓋上鍋蓋燜 30 分鐘。

＊中途加水降低溫度，豆子比較容易煮軟

將紅豆倒進濾網瀝出湯汁。

3 從冷水開始煮（水煮）

把白腰豆倒回鍋中，加入 3 杯水開大火加熱。沸騰後，轉小火力（中小火），讓豆子保持微微滾動的程度繼續煮。

＊請轉小火力避免豆子煮到碎裂

每次當豆子露出水面後，就再倒入 1 杯水，一邊撈除浮沫一邊煮到豆子變軟。

煮到軟化後，選出看起來最硬的豆子，稍微放涼用手指擠壓，若能輕鬆壓破即 OK。

＊如果還很硬，就繼續煮

4 燜燒

熄火，蓋上鍋蓋燜 30 分鐘以上。

＊晚上煮到這邊，也可以靜置一晚。天氣熱時放涼後再放進冰箱

燜好後，連豆心都充分軟化。

5 取半量壓碎

把調理盆放在濾網下倒出白腰豆，再把一半倒回鍋中。倒掉調理盆上層的湯汁，將沉澱在盆底的豆餡倒回鍋中。

＊也可以斜放調理盆靜置數分鐘

在濾網下放調理盆，用橡皮刮刀壓碎一半的白腰豆。

6 加糖

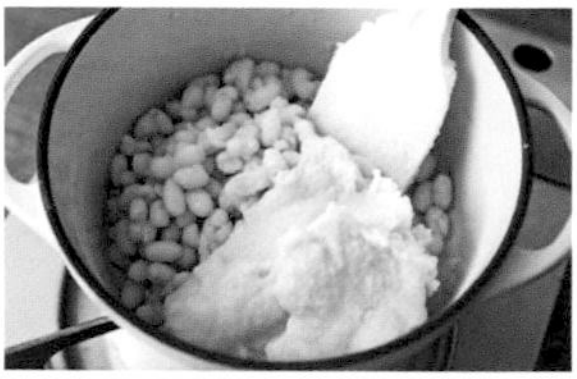

鍋中放入白腰豆、壓碎的豆子和砂糖，用橡皮刮刀輕輕拌勻不要壓碎豆子，開中火加熱。

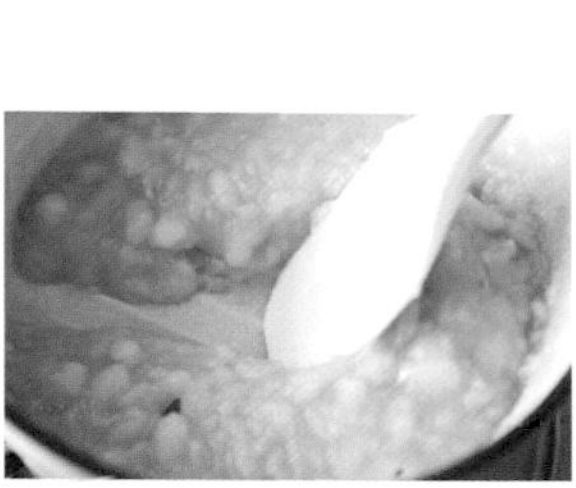

沸騰後轉中小火拿耐熱刮刀邊攪拌邊煮，熬煮到用刮刀劃開豆餡看得到鍋底即可熄火。

＊小心豆餡會噴濺。

◎保存方法與期限

放涼後倒入保存容器，置於冰箱約可存放 4 天。分裝後用保鮮膜包起來放入夾鏈袋中，置於冷凍庫約可存放 2 週。

蜜紅豆

不知從何時開始，我愛上濕潤的蜜紅豆，而不是撒滿大量砂糖的甘納豆*。原本是要泡在砂糖蜜中數日，這裡介紹用紅豆粒沙晾乾的簡易作法。

*甘納豆：一種日式蜜餞點心。

◎材料（成品約300g）
紅豆粒沙……700g
*依喜好的數量製作即可

◎事先準備
・紅豆粒沙煮好後靜置1天，讓甜味均勻融合。

1 瀝乾水份

把紅豆餡倒在濾網上，充分瀝乾水份。

2 淋熱水 擦乾水氣

迅速淋上熱水，拿廚房紙巾充分擦乾水氣。

*輕輕地擦避免壓破紅豆粒

3 晾乾

倒進方盆等底部平坦的容器上鋪平，注意不要重疊，用電風扇吹乾或是放在太陽下曬乾。

隨時搖動方盆讓豆子上下翻面，曬到半乾即完成。

*放入保存容器中置於冰箱約可存放3天。

衍生品

用紅豆沙剩下的紅豆皮做

穀麥

在紅豆沙壓碎紅豆的製程中，一定會留下紅豆皮。心想可以混入烘焙點心嗎？便做出這道點心。雖然不太有紅豆風味，卻在口感上有畫龍點睛之效。

◎材料（成品約300g）

A
- 燕麥片……100g
- 細蔗糖……50g
- 低筋麵粉……25g
- 可可粉……20g
- 鹽……一小撮

紅豆皮（55頁）……50g
核桃（烤過）……40g
綠葡萄乾……40g
太白胡麻油……40g
水……2大匙

◎事先準備
- 核桃用手剝成3～4等分。
- 烤盤上鋪好烘焙紙。
- 烤箱預熱至170℃。

1 調理盆中放入A，用手繞圈混拌，倒油繼續繞圈混拌。加入紅豆皮，核桃稍微混拌，倒水繞圈混拌。

2 倒入烤盤鋪平，放進170℃的烤箱中烤15分鐘。取出用湯匙分成一口大小，整體拌勻再烤15分鐘。

3 加入葡萄乾稍微混拌，置於烤盤上放涼。
＊放涼後和乾燥劑（矽膠）一起放入保存容器，常溫下約可存放1週。

推薦的市售紅豆餡

我也試著用各種市售紅豆餡製作點心。雖然含水量和甜度不一，味道卻和自製紅豆餡做好的成品相當接近。

極上 紅豆沙

特色是入喉清爽，味道清澈不甜膩。因為餡料夠乾，適合包進麵皮使用。

極上 小倉紅豆餡

代替乾紅豆餡。屬於口感較軟的紅豆粒餡，比我作的餡料略甜。
也可以稍微熬煮後使用。

極上 白豆沙

豆皮全部磨碎的餡料。比我做的還甜。太軟不方便使用時，請稍微熬乾後再用。

嚴選蜜紅豆

代替紅豆粒沙餡。是水份含量少，豆粒明顯的蜜紅豆，色澤漂亮且甜度低。

關於紅豆

紅豆或白腰豆的採收期在9月下旬~10月。採收完即上市的新豆，水份含量高且柔軟，採收後放置一段時間，豆子會變硬且乾燥。請依豆類的採收時節，調整熬煮的時間。

白腰豆（白扁豆）

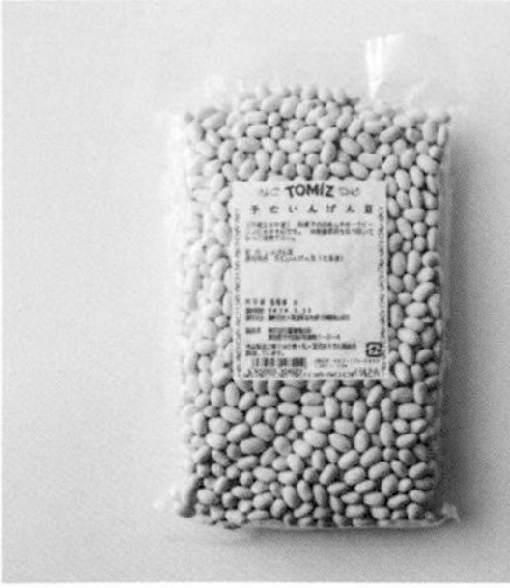

用來製作白豆沙。白扁豆是四季豆的一種，因為顆粒較小容易煮熟，買得到的話盡量選白扁豆。白腰豆的外皮比紅豆硬，因為口感不佳，將一半的外皮磨碎後再加入煮餡。挑選方法和紅豆一樣。

「北海道生產 白扁豆」

紅豆

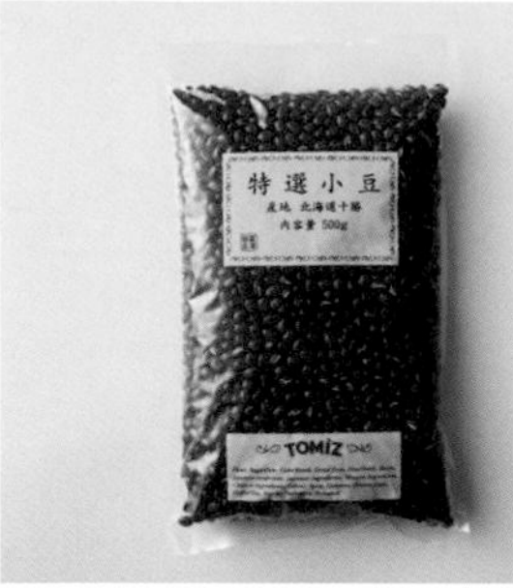

紅豆餡使用的豆子，一般是紅豆，和顆粒較大的大納言紅豆，不過我平常都用一般的紅豆做紅豆餡。購買時，請挑選沒有缺口或碎裂、黑斑，顆粒大小一致的商品。

「北海道生產　特選紅豆」

● 關於新豆和舊豆

紅豆在秋天採收後就上市即為新豆。和稻米一樣，新豆水份含量高，外皮也軟，軟化的速度也相當驚人。小心調整火力不要煮到破皮。相反地，夏季買的紅豆，比較乾硬。水煮時要多花點時間煮到軟化。

紅豆餡點心常用的粉類

上新粉

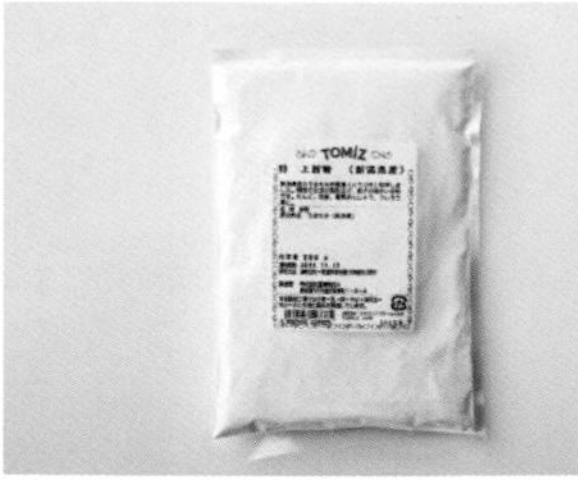

梗米烘乾磨細而成的粉類。特色是口感和嚼勁比白玉粉明顯。用於要柔軟彈牙才好吃的和菓子、糰子或柏餅等。

「新潟縣生產　特 上新粉」

白玉粉

糯米泡水，取沉澱後的米粒烘乾磨細製成的粉類。特色是如糯米般柔軟且口感滑順。除了揉成湯圓來吃外，也可用來做大福皮。

「特上　白玉粉」

關於砂糖

紅豆餡裡加的砂糖用量足以感受到明顯甜味，我喜歡小口品嘗的吃法。砂糖具有延長保存期限和提升保水性的功能。先按照食譜製作，再從中找出喜歡的用量。

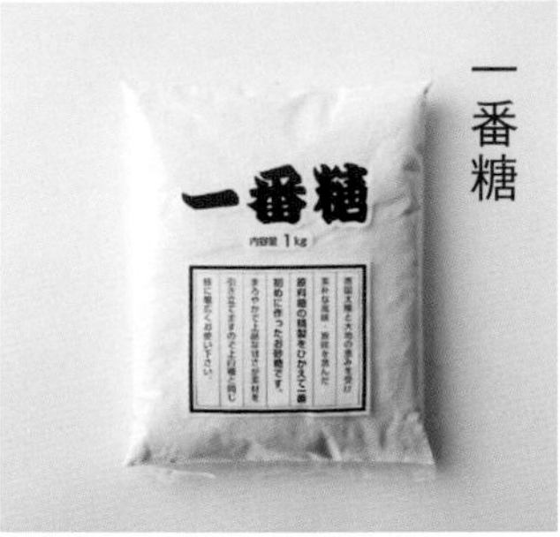

一番糖

每天去購物的超市中販售的砂糖。精製度低，用法和細蔗糖一樣。因為顏色泛白，想呈現出食材原色時，建議用這款糖。大型超市等都有賣。

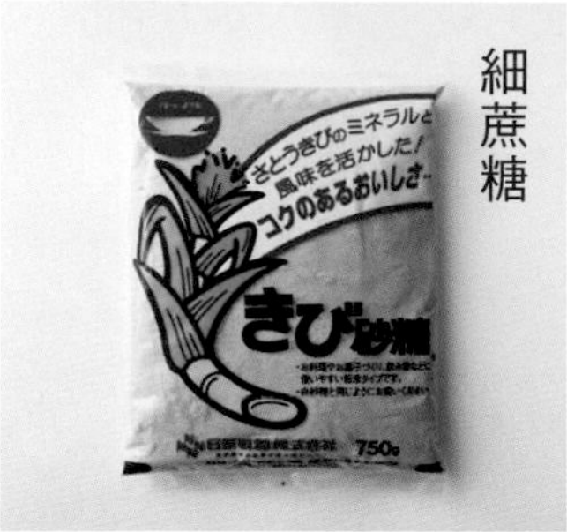

細蔗糖

我覺得家裡用的糖一種就好，既適合烘焙也能烹飪，所以我家只有細砂糖。精製度低，甜味柔和不具特殊風味，不會影響到食材原味。

● 關於其他砂糖

也可以用細蔗糖以外的砂糖製作紅豆餡。因為風味各異，請選用喜歡的糖類。使用細砂糖、上白糖或三溫糖等精製糖製作時，用量和細蔗糖相同。使用甜菜糖、略為濕潤的洗雙糖或粗糖時，用量請增加10%。黑糖建議只摻雜部分使用。

＊白玉粉和上新粉的用法相似，都是加水搓揉再蒸煮。我認為可依口感要求區分用途，軟綿細緻＝白玉粉、適度彈牙＝上新粉。

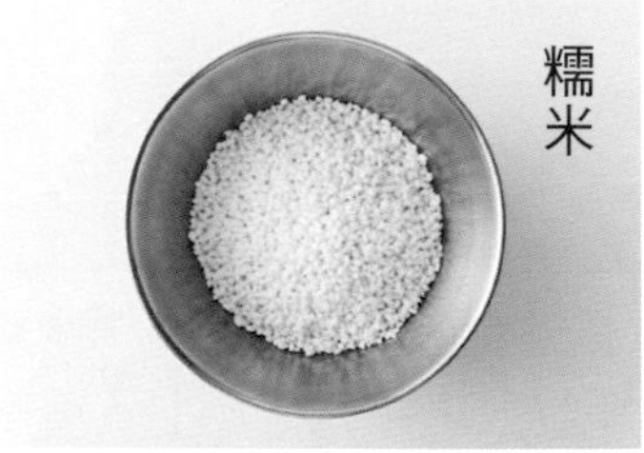

糯米

主要用來做麻糬、紅豆糯米飯或萩餅等。泡水時間比梗米長，使用前 2 個小時就要洗好浸泡。在我的食譜中，使用 100% 的糯米過於厚重，大多混雜部分梗米製作。

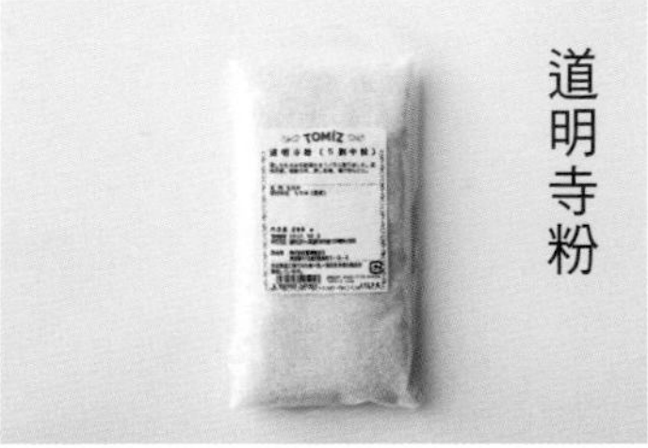

道明寺粉

糯米泡水蒸過烘乾再磨細的粉類。特色是口感 Q 彈，主要用於櫻餅。名稱由來是在名為道明寺的寺廟中，用它來製作耐放的食物。
「道明寺粉 5 割中粒」

關於用具

煮紅豆餡必備的用具。都是平時也用得到的烹飪工具。每樣都是依功能、設計挑選的好用器具。合宜的工具，讓製作過程更有樂趣。

厚鍋

煮紅豆餡多半用 Vermicular 、Staub 或 Le Creuset 等厚重的鍋子。特色是受熱均勻、保溫性佳且烹調時間短。反過來說，因為沸騰速度快食材容易煮爛，所以熬煮時不加蓋，燜燒時才蓋上鍋蓋。「Vermicular 18cm 琺瑯鑄鐵鍋（米白色）」

耐熱橡皮刮刀

推薦軟硬適中、材質柔韌且一體成形的耐熱刮刀。因為紅豆餡加了砂糖容易燒焦，宜選擇能充分切拌到底部的刮刀。也可用來磨碎紅豆沙的外皮。

調理盆（塑膠製）

製作大福外皮、櫻餅或柏餅等麻糬類和菓子時，使用可放入微波爐加熱的 Matfer 塑膠調理盆（照片中為直徑 24cm）。

調理盆（不鏽鋼）

製作紅豆餡、烘焙點心時，主要使用柳宗理的不鏽鋼調理盆（直徑 23cm）。兼具功能性和設計感，我相當喜歡。

布巾（或是加厚的廚房紙巾）

製作紅豆沙時，用來擰乾洗出來的豆沙水份。薄布巾（棉紗抹布也行）或加厚的廚房紙巾都很好用。加厚的廚房紙巾雖然價格較貴，但不容易破堅固耐用，是我的常備用具。

篩網

製作紅豆沙時，用濾網磨碎後，再倒進篩網過篩得更細緻，做出來的口感截然不同。使用可疊放在調理盆上的尺寸，省力且方便。也可拿來撒可可粉或抹茶。照片中是直徑 18cm 附把手的類型。

濾網

用來瀝乾紅豆水或過篩麵粉。沒有底部支架、附掛耳，可疊放在調理盆上的尺寸（照片中為直徑 15cm）最好用。濾籃（開細孔）類型的孔洞過大，此處不建議使用。

關於服裝

紅豆餡加糖熬煮時，容易噴濺出來。濺出來的湯汁比想像中還燙，在尚未習慣的階段，花點心思避免濺到皮膚上吧。

紅豆沙 → 白豆沙 → 紅豆粒沙 → 乾紅豆餡。以上是噴濺激烈程度的排序，請留意。

眼鏡

煮紅豆餡時，請不要探頭看鍋內。攪拌時臉也要離遠一點。戴上眼鏡比較放心。

開始來做
紅豆餡吧～！

工作手套（或連指手套）

紅豆一旦加糖開始熬煮，在水份還沒收乾前，很容易四處噴濺。簡直就像岩漿（也沒那麼誇張…），比熱水還燙！是懲罰遊戲！？的想法浮上心頭不只一兩次。拿刮刀的手靠得最近，請戴上工作手套。

長袖 T 恤

紅豆餡同樣不放過手腕地噴濺過來。那把火關小就好啦，或是乾脆開大火一口氣煮好，但這是行不通的。請穿上長袖針織衫等蓋住手腕吧。

…寫了一大堆，
很擔心會讓人誤認為煮紅豆餡是件恐怖的事，
不過多煮幾次習慣後就知道何時會噴濺，
只有剛開始要特別小心。

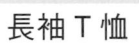

foodmood的紅豆餡點心

因為我很喜歡紅豆餡，
雖說開的是烘焙點心店，
店內卻不時會推出紅豆餡點心。
有看到的話，請務必點來嘗嘗。

戚風蛋糕三明治

紅豆＋鮮奶油

戚風蛋糕三明治是 foodmood 的招牌商品。在加了豆漿，口感軟彈濕潤的戚風蛋糕中，夾進鮮奶和當季水果或紅豆餡。配合柔軟的戚風蛋糕，使用紅豆粒沙。

紅豆煎餅

將長野的特色點心 —— 煎餅變化成具 foodmood 風格的商品。麵皮利用速發酵母粉發酵，在平底鍋煎到表面酥脆，再放進烤箱烤到蓬鬆。內餡使用乾紅豆餡。

甘酒牛奶冰淇淋百匯

不加砂糖以甘酒的甜味作出清爽且濃郁的冰淇淋，再配上紅豆粒沙、穀麥和杏桃的組合。在品嘗的過程中，紅豆餡和冰淇淋的水份滲入穀麥間，變得越來越好吃。

還是不能放過我最愛的紅豆餡點心

第3章 經典紅豆餡點心

大福、鯛魚燒、
日式饅頭、紅豆甜甜圈⋯⋯。
備受大家喜愛，
從小就吃慣的
紅豆餡點心齊聚於此。
利用各種餅皮
或烤、或炸、或蒸，
呈現多種品嘗紅豆餡的方法。

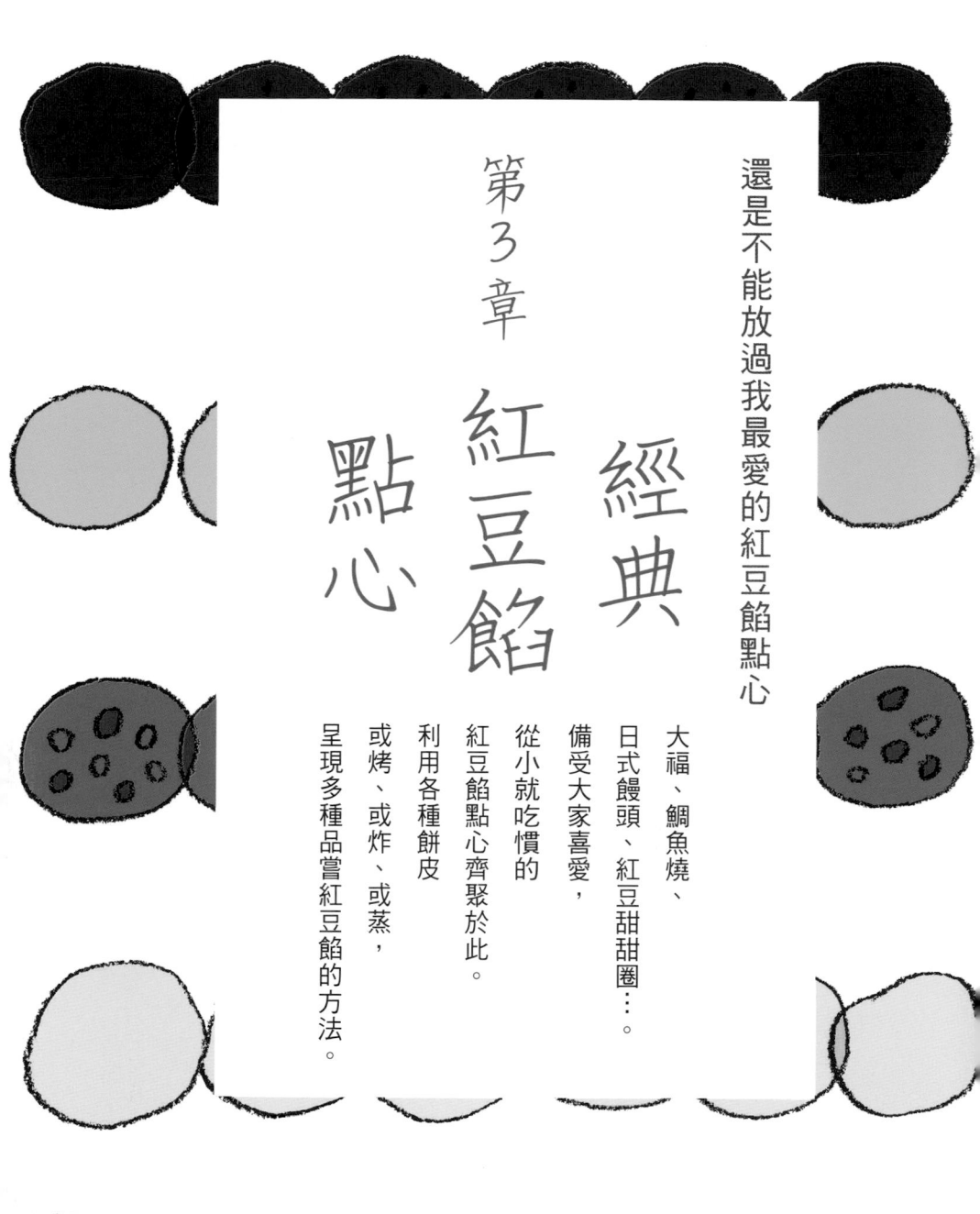

1 豆大福

◎材料（直徑5cm的大福6個份）

【大福皮】

白玉粉……100g

水……150ml

細蔗糖……20g

紅豆沙……6大匙（120g）

市售的甜黑豆……100g

太白粉……4大匙

◎事先準備

・將紅豆餡各舀1大匙排放在保鮮膜上。

・黑豆瀝除湯汁，分成6等分。

・取一半的太白粉用粉篩撒在方盆或大盤上。

1 製作大福皮。在耐熱調理盆中倒入白玉粉，慢慢地加水，用橡皮刮刀攪拌到沒有粉粒後，加糖攪拌均勻。

2 不包保鮮膜放進微波爐加熱2分鐘，用耐熱刮刀迅速攪拌均勻。

3 再放進微波爐加熱2分鐘，攪拌到整體顏色一致後，放在撒了太白粉的方盤上，從上篩入剩餘的太白粉。

4 等到不燙手後趁熱用刮板切成6等分，滾圓並用手拉開成直徑5cm的外皮，中間放上黑豆輕輕壓入。再放上豆沙餡包起來，整成圓形。

＊請注意大福皮一旦放涼就會變硬。趁還黏手時，撒上適量的太白粉，再拍掉多餘粉粒即可。

白玉粉加水、砂糖放進微波爐加熱後，用耐熱刮刀迅速攪拌均勻。

再放進微波爐加熱攪拌均勻後，放在撒了太白粉的方盆上，拿粉篩從上篩入太白粉。

把黑豆放在外皮上輕輕壓入，再放上豆沙餡包住，用手指捏緊收口處。

曾經最愛的紅豆餡點心，
長大後隔了好久才又能吃到，
是當時工作的咖啡店旁，
和菓子店賣的豆大福。
上班前買來當早餐吃，
或是為了吃大福而努力工作的獎勵點心。
很高興自己學到怎麼做
原本只會用買的點心。

2 咖啡大福

◎材料（直徑5cm的大福6個份）

【大福皮】

白玉粉……100g

水……150ml

細蔗糖……20g

太白粉……6大匙

【咖啡奶油餡】

白豆沙……120g

即溶咖啡……1小匙

熱水……½小匙

鮮奶油……2大匙（30g）

◎事先準備

・鮮奶油打發至尖角挺立，用湯匙分成6等分放在鋪好烘焙紙的方盤上，放進冷凍庫冰凍1個小時凝固。

・用篩網在方盤或大盤上篩入半數的太白粉。

1 製作咖啡奶油餡。調理盆中倒入即溶咖啡粉和熱水攪拌溶解，放入白豆沙用橡皮刮刀攪拌均勻。分成6等分，包住每一個冷凍鮮奶油，再放進冷凍庫備用。

2 製作大福皮。在耐熱調理盆中倒入白玉粉，慢慢地加水，用橡皮刮刀攪拌到沒有粉粒後，加糖攪拌均勻。

3 不包保鮮膜放進微波爐加熱2分鐘，用耐熱刮刀迅速攪拌均勻。

4 再放進微波爐加熱2分鐘，攪拌到整體顏色一致後，放在撒了太白粉的方盤上，從上篩入剩餘的太白粉。

5 等到不燙手後趁熱用刮板切成6等分，滾圓並用手拉開成直徑5cm的外皮，中間放上**1**包起來，整成圓形。

鮮奶油打發到尖角挺立，分成6等分放在鋪了烘焙紙或保鮮膜的方盤上，放進冷凍庫冰凍約1小時凝固。

咖啡豆沙餡分成6等分壓平，分別包住每個冷凍鮮奶油。作業重點在趁鮮奶油尚硬時完成。

滿溢小語 紅豆餡 6

全世界的紅豆餡

聽說在歐美，豆類煮成甜食來吃是件匪夷所思的事，但真的是這樣嗎。我到亞洲旅行時，樂於嘗遍各地的紅豆餡點心。台灣的月餅、越南的甜湯、韓國的麻糬點心。亞洲人不僅愛吃紅豆，也熱衷於將各種豆類煮成餡料。我想去更多陌生的國家，尋訪未知的紅豆餡點心。

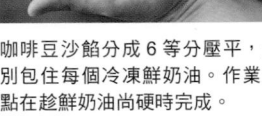

不知從何時起，
看得到各種口味不一的大福。
草莓大福、杏桃大福、抹茶奶油大福、
然後，還有咖啡大福。
剛開始覺得，咖啡奶油大福？不可能！
但在偶然的機緣下吃到時，
好吃得令人驚艷。
紅豆餡和咖啡都屬於豆類，味道融合得恰到好處。
食用時，請先放在常溫下15分鐘再品嘗。

3 奶油銅鑼燒

◎材料（直徑6cm的銅鑼燒餅皮6組份）

A
- 低筋麵粉……60g
- 泡打粉……⅓小匙

B
- 雞蛋……1個
- 細蔗糖……60g
- 蜂蜜……1小匙

牛奶……40ml

乾紅豆餡…9大匙（180g）

【打發奶油】（容易製作的份量）

- 鮮奶油……50ml
- 含鹽奶油……25g

1 調理盆中倒入**B**用打蛋器攪拌，加入牛奶攪拌均勻。篩入已混合的**A**，拿打蛋器由中間往外側攪拌，在室溫下靜置5分鐘。

＊經由靜置可讓餅皮口感鬆軟。

2 不沾鍋熱鍋，放在濕抹布上降溫，輕輕攪拌麵糊並分別舀1大匙倒入鍋中，轉小火煎熟。麵糊冒泡後翻面，另一片煎約20秒，蓋上布巾放涼以免餅皮變乾。

3 製作打發的奶油。調理盆中放入鮮奶油和奶油，隔水加熱（底部墊沒沸騰的熱水）融化。調理盆底部墊冰水，用電動攪拌器打發成乳霜狀。

＊藉由隔水加熱和墊冰水，避免油水分離，打出滑順的乳霜。

4 舀1又½大匙的紅豆餡，和1又½大匙的打發奶油放在**2**上夾起來。

＊剩餘的打發奶油，可抹在吐司或鬆餅上吃。

打發的奶油可裝入容器中放進冰箱冷藏，可放2～3天。請攪拌均勻再使用。

把麵糊倒在已熱鍋的平底鍋上煎，整體冒泡後翻面。使用鐵鍋的話，請抹上少許油再煎。

有人不愛吃紅豆餡，
只吃日式饅頭的外皮，
或是銅鑼燒餅皮，
我周圍就有這種只吃餅皮的族群。
說到自己是哪種人，屬於只想吃紅豆餡者，
但也不至於不吃銅鑼燒餅皮。
不過，正所謂做自己愛吃的！
於是縮小尺寸，並加上發泡奶油。
算是比較濃郁的銅鑼燒。

4 鯛魚燒

（紅豆餡／豆漿卡士達餡）

◎材料（8cm長的鯛魚燒烤模6個份）

A
- 低筋麵粉……60g
- 細蔗糖……1大匙
- 泡打粉……½小匙
- 鹽……少許

水……80ml

【豆漿卡士達餡】（容易製作的份量）

- 蛋黃……1個份
- 豆漿（原味無糖）……150ml
- 細蔗糖……2大匙
- 低筋麵粉……1大匙
- 香草精……少許

乾紅豆餡……6大匙（120g）*

太白胡麻油……少許

*若要添加豆漿卡士達餡，紅豆餡份量減半

1 製作豆漿卡士達餡。調理盆中篩入砂糖、低筋麵粉，依序倒入豆漿（分次少量）、蛋黃，每次都用打蛋器攪拌均勻。

2 麵糊過篩倒入小鍋中開中火加熱，邊煮邊拿耐熱刮刀不停地攪拌，煮到沸騰後轉小火，續煮1分鐘。加入香草精混合，倒進容器中，表面用保鮮膜包緊放涼。

3 調理盆中篩入已混合的**A**，分次少量地倒水用打蛋器攪拌滑順，在室溫下靜置5分鐘。

*經由靜置可讓餅皮鬆軟入口即化

4 鯛魚燒烤模充分預熱，塗油並倒入½大匙的麵糊抹勻，正中間放上1大匙長條狀的紅豆餡。從上淋入1大匙麵糊，蓋上蓋子，烤8～10分鐘直到雙面酥脆稍微上色。

*若要加豆漿卡士達餡，各放上½大匙的紅豆餡及豆漿卡士達餡烘烤。剩下的豆漿卡士達餡，可夾入軟麵包中食用

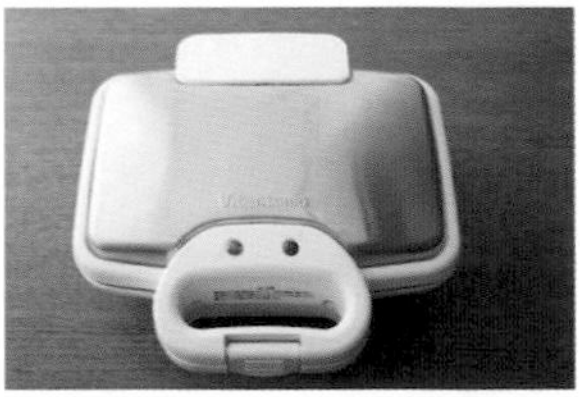

鯛魚燒烤模使用 Vitantonio 鬆餅機的鯛魚燒烤盤。也可以使用直火式鯛魚燒機。

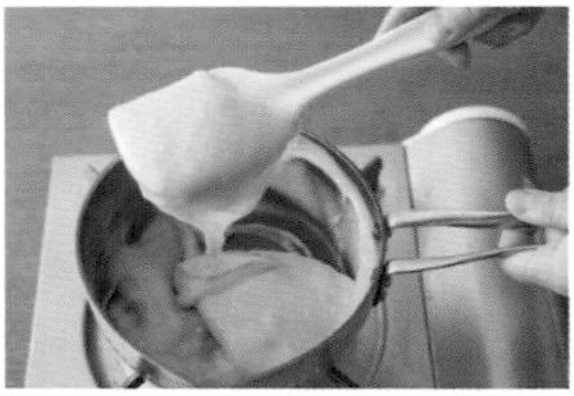

製作豆漿卡式達餡時，一邊用中小火煮一邊拿耐熱刮刀不停地攪拌，沸騰後轉小火續煮 1 分鐘，讓麵粉熟透。

麵糊以塗抹的方式薄薄地倒入鯛魚燒烤模中，放上細長狀的紅豆餡（照片中加了豆漿卡式達餡），上面再倒入一層薄麵糊烘烤。

搬到東京國立市時，
附近來了台鯛魚燒攤車。
一邊上下翻動每個烤盤一邊出爐的鯛魚燒，
外皮酥脆，紅豆餡也超美味。
使用熱壓三明治機，
麵糊不加蛋慢慢烘烤，
在家也能吃到像攤車做的香酥餅皮。

5 日式饅頭

（黑糖饅頭／酒粕饅頭）

◎材料（直徑5cm長的饅頭各8個份）

【黑糖饅頭】

A
- 低筋麵粉……80g
- 泡打粉……⅔小匙

B
- 黑糖粉……30g
- 細蔗糖……20g
- 熱水……2大匙

乾紅豆餡……8大匙（160g）

【酒粕饅頭】

C
- 低筋麵粉……80g
- 泡打粉……⅔小匙

細蔗糖……40g

水……1大匙

紅豆沙……8大匙（160g）

《酒粕泥》（此處取30g備用）

酒粕……100g

水……100ml

＊酒粕剝小塊和水一起放入調理盆中，用橡皮刮刀攪拌溶解，放入研磨缽（或是食物調理機）搗成泥狀。用剩的酒粕泥可加在味噌湯中，或拿來醃肉或魚。

◎事先準備

- ．將B倒入容器中攪拌至砂糖溶解後放涼。
- ．紅豆餡各舀1大匙排放在保鮮膜上。
- ．烘焙紙剪成16張6cm見方的方形。

1 製作黑糖饅頭。調理盆中倒入B，篩入已混合的A，用橡皮刮刀混拌到沒有粉粒。

2 工作台上鋪好保鮮膜，放上1撒上低筋麵粉（份量外），用刮板切成8等分。麵團邊沾粉邊用手輕輕壓平，放入紅豆餡包起來。

3 收口朝下放在烘焙紙上，放入冒出蒸氣的蒸籠中開中火蒸15分鐘。拿不用的湯匙或鐵叉放在火上燒熱（注意不要燙傷），畫上喜歡的臉部表情。

4 製作酒粕饅頭。調理盆中放入酒粕泥、砂糖和水用橡皮刮刀攪拌，篩入已混合的C混拌成麵團，包入紅豆餡以同樣的方法蒸熟。

＊建議趁熱吃。若是變涼請放入蒸籠重新加熱。

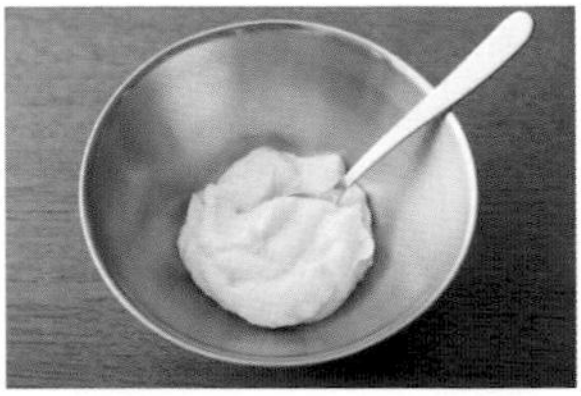

剝小塊的酒粕加水混合，放入研磨缽搗成泥狀做成酒粕泥。也可以放進食物調理機攪打。

雖然拌好的黑糖饅頭麵團很黏，但請不要再加麵粉。

拿不用的湯匙或鐵叉放在火上燒熱（注意不要燙傷），畫上臉部表情。眼睛用鐵叉、嘴巴用湯匙、鼻子用湯匙柄。

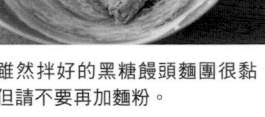

宴席上的紅白饅頭、
收到的旅行伴手禮溫泉饅頭、
我記得家裡的客廳
總是有日式饅頭。
也許有不少人自己做過，
材料和製作過程其實都很簡單。
剛蒸好的最美味，
能吃到這樣的美食正是自製的特權。

6 紅豆多拿滋

◎材料（直徑5～6cm長的多拿滋8個份）

A ［低筋麵粉……120g
　 ［泡打粉……1小匙

奶油（無鹽）……20g

細蔗糖……30g

雞蛋……1個

牛奶……2大匙

乾紅豆餡……8大匙（160g）

炸油、裝飾用蔗糖粉……各適量

◎事先準備

・奶油和雞蛋放在室溫下回溫。

・紅豆餡各舀1大匙排放在保鮮膜上。

1 調理盆中放入奶油，用橡皮刮刀拌成乳霜狀，加糖用打蛋器打到鬆軟。分3次倒入打散的蛋液，每次都要攪拌均勻。

2 篩入已混合的A，用橡皮刮刀切拌鬆散後，繞圈倒入牛奶，混拌至沒有粉粒。包上保鮮膜，放進冰箱靜置1小時。

3 烘焙紙（或保鮮膜）撒上低筋麵粉（份量外），放上麵團並撒粉，用刮板切成8等分。麵團撒粉用擀麵棍擀成直徑8cm的麵皮，放入紅豆餡包起來。

4 放入中溫炸油（170℃），一邊滾動多拿滋一邊炸2分30秒～3分鐘。放涼後篩入糖粉即可。

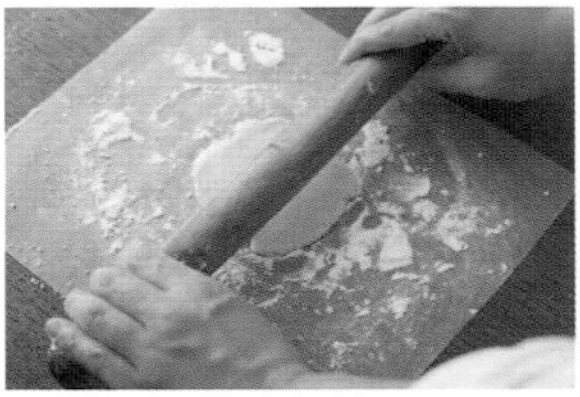

麵團分成8等分，在烘焙紙上撒粉放上麵團，用擀麵棍擀成直徑8cm的麵皮。

紅豆餡放在麵皮上，摺起麵皮包起來。收口確實捏緊以免紅豆餡外露。

滿溢小語 紅豆餡 7

如港口般的紅豆餡

年輕時，總覺得卡士達醬或奶油做的西點相當華麗亮眼，頗吸引人。平常也專挑西點做。並非覺得紅豆餡老氣，而是認為這不是一個女孩子該做的點心。現在只有紅豆餡點心，才是自己想正視、認真製作的點心。雖然繞了一大圈，還是回來囉。

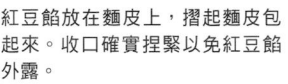

我到麵包店，
大多會買一個鹹麵包、
一個紅豆麵包。
若是挑口味清淡的鹹麵包，
就會把紅豆麵包換成紅豆多拿滋。
對我來說這是補充活力的能量點心。
雖然也愛吃發酵類的麵包，
但有泡打粉的話輕易就能在家自製。
麵包質地鬆軟有如蛋糕，
忍不住伸手再拿了一個。

7 金鍔

（核桃紅豆餡／草莓白豆沙）

雖然大多數的紅豆餡點心我都愛，
卻不太喜歡金鍔。
如今回想起來，可能是裡面的紅豆餡又黏又甜，
味道太濃郁令我放棄。
這幾年來，我發現某家美味和菓子店賣的金鍔，
味道並不厚重，
是吃得到紅豆粒的點心。
紅豆餡裡有大塊核桃，
白豆沙餡和酸甜得宜的草莓相當對味。

↓作法見82頁

8

麩饅頭

若是有自己可能不會做的
（不知道該怎麼做的）
和菓子點心排行榜，這一項高居首位。
是和生麩差不多的奇妙食物。
我是20多歲到京都旅行時認識麩饅頭。
在生麩老店吃到的麩饅頭，
美味得令人難以忘懷。
製作時，雖然要多點耐心揉捏，
但剛做好的生麩超讚。

↓作法見83頁

9 即食糰子

用麻糬皮包住地瓜和紅豆餡再蒸熟的九州特色點心。聽說「即食」的名稱來自使用生地瓜輕鬆就能做好。
附近超市就有賣剛蒸好的商品，所以去買晚餐食材時，偶爾順便買來當點心。
自己製作時，會在麵團中加豆腐，就算涼了也還保有柔軟的口感。

↓ 作法見84頁

10 紅豆巧克力浮島蛋糕

「浮島」是紅豆餡加雞蛋和麵粉蒸製而成，質地綿密如長崎蛋糕般的和菓子。我覺得這道點心把具有充分甜度和水份、保濕效果高的「紅豆餡」發揮得淋漓盡致。若是加了可可粉，頓時呈現西式風味。我喜歡放涼切片後，配上打發的鮮奶油。奶油中也可以加入少許蘭姆酒。

↓ 作法見85頁

7 金鍔

（核桃紅豆餡／草莓白豆沙）

◎材料（3.5 x 3.5 cm的金鍔各4個份）

【核桃紅豆餡】

乾紅豆餡……120g

A
- 寒天粉……½小匙
- 水……40ml

核桃（烤過）……10g

【草莓白豆沙】

白豆沙……200g

B
- 寒天粉……½小匙
- 水……40ml

草莓乾（薄片）……1大匙

【麵衣】（容易製作的份量）

C
- 低筋麵粉……20g
- 白玉粉……1小匙
- 細蔗糖……1小匙
- 鹽……少許

水……2大匙

◎事先準備

・牛奶盒在距離底部10cm處剪開，四個角各剪5cm向外打開，鋪入烘焙紙做成紙模。

・核桃切粗粒。

1 製作核桃紅豆餡。小鍋中倒入**A**用刮刀攪拌均勻，開小火拿耐熱刮刀邊攪拌邊加熱，完全沸騰後熄火。倒入紅豆餡攪拌，開小火充分煮滾後熄火。

2 加入核桃稍微混拌，倒入牛奶紙模中，放在陰涼處靜置1小時以上凝固。以同樣的作法做好草莓白豆沙後，各切成4等分。

3 製作麵衣。調理盆中倒入**C**，加水用橡皮刮刀攪拌滑順，包上保鮮膜放在室溫下靜置30分鐘。

4 煎烤盤開中溫（或是平底鍋開小火），倒入少許太白胡麻油（份量外）加熱，拿**2**的一面先沾滿**3**放在烤盤上煎，稍微煎上色後再換另一面沾取麵衣繼續煎（小心高溫）。6面全煎好後，一邊翻轉金鍔數次一邊煎至酥脆。

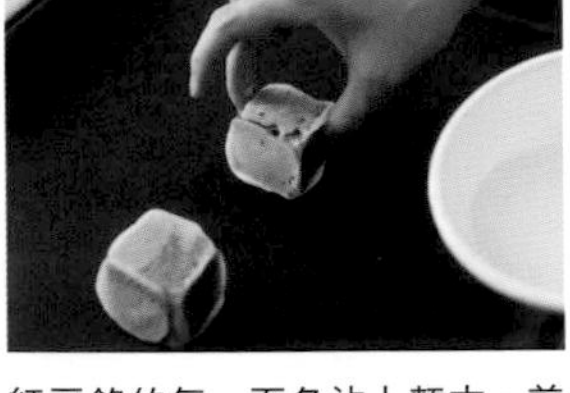

紅豆餡的每一面各沾上麵衣，煎到稍微上色。6面都煎好後，繼續一邊翻轉一邊煎到麵衣酥脆。

牛奶盒在距離底部10cm處剪開，四個角各剪5cm向外打開。鋪入烘焙紙，當成紙模使用。

草莓乾選用草莓急速冷凍乾燥製成的「草莓凍乾水果片」。

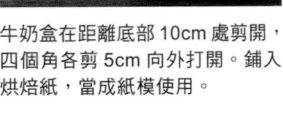

8 麩饅頭

◎材料（直徑6cm的饅頭4個份）

A
- 高筋麵粉……200g
- 鹽……一小撮

水……120ml

B
- 白玉粉……40g
- 水……20ml

紅豆沙……4大匙（80g）

竹葉（有的話）……4片

◎事先準備

・紅豆餡各舀1大匙排放在保鮮膜上。

・烘焙紙剪成4張8cm見方的方形。

1 調理盆中放入**A**用手稍微混拌，分次少量地倒入水拌勻。取出麵團放在鋪好烘焙紙的工作台上，以磨擦按壓麵團的方式確實搓揉10分鐘，放進調理盆包上保鮮膜，放在室溫下靜置30分鐘。

＊剛拌好的麵團質地鬆散容易裂開，須搓揉到柔韌富彈性。

2 另取一調理盆倒入水，放入**1**用雙手充分搓洗，當水變濁後倒進濾網瀝水，再加入乾淨的水。重複此步驟7～8次直到搓洗時的水近乎透明清澈，撈起麵團瀝乾水份。

3 調理盆中放入**2**、**B**，用手搓揉到白玉粉的粉粒融入麵團中。當麵團變光滑後分成4等分滾圓，用手輕壓，放入紅豆餡包起來。

＊要有耐心地搓揉到白玉粉完全融入麵團

4 收口朝下放在烘焙紙上，放入冒出蒸氣的蒸鍋以中火蒸15分鐘。過冷水降溫，瀝乾水份用竹葉包起來。

＊常溫保存並於當天食用完畢

用雙手在工作台上以摩擦按壓麵團的方式，確實搓揉10分鐘。揉到麵團變得柔韌有彈性，可以輕拉出薄膜為止。

在水中搓洗麵團，水變濁就倒掉換水。重複7～8次，洗出麩質。

當水變得近乎透明時，生麩成分中的麩質洗出完成。成品約90～100g重。用手擰乾水份。

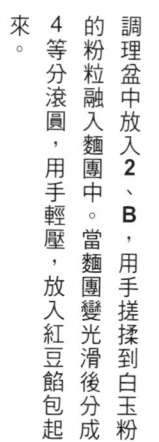

9 即食糰子

◎材料（直徑6cm的糰子8個份）

A
- 白玉粉……50g
- 低筋麵粉……50g
- 細蔗糖……1大匙
- 鹽……少許

嫩豆腐……⅓塊（100g）
乾紅豆餡……8大匙（160g）
地瓜……1小條（150g）

◎事先準備
- 紅豆餡各舀1大匙排放在保鮮膜上。
- 地瓜連皮切成寬1cm的圓片後泡水。
- 烘焙紙剪成8張8cm見方的方形。

1 調理盆中放入A用手稍微混拌，加入豆腐以指尖慢慢擠壓融合的方式混入麵團。包上保鮮膜，放在室溫下靜置30分鐘。

＊以耳垂般的軟硬度為標準。麵團太硬的話加豆腐，太稀的話加低筋麵粉調整。

2 把麵團放在烘焙紙上，拿刮板切成8等分，用手掌壓平為直徑8cm的麻糬皮。依序放入紅豆餡、地瓜包起來。

＊會黏手的話可撒少許低筋麵粉

3 收口朝下放在烘焙紙上，放入冒出蒸氣的蒸鍋以中火蒸15分鐘。

＊趁麻糬皮尚熱時用保鮮膜包緊的話，比較不會變硬

＊可以在麵團中加些魁蒿，或是把砂糖換成黑糖都很好吃

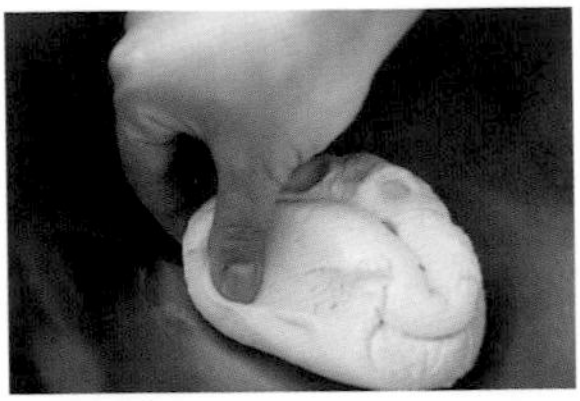

在粉類中加入豆腐混拌，揉成如耳垂般的軟硬度。加了豆腐，就算冷掉也很好吃。

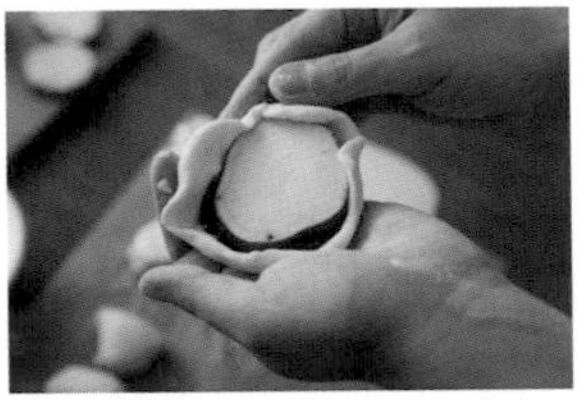

麵團壓平成直徑 8cm 的麻糬皮後，依序放上紅豆餡、地瓜包起來。底部沒有收口完全也沒關係。

滿溢小語 紅豆餡 8

紅豆餡地方小吃

因工作、或點心教室的教學等遊走日本各地。每到達一個地點就會搜尋和菓子店，抓緊時間拜訪。自當地文化孕育出的點心，造型味道各異，以品嚐點心的方式認識這座城市。長久以來深受大眾喜愛的點心，外觀簡潔沒有多餘的裝飾。心想如果我做的點心也能像這樣一直大受歡迎就好了。

10 紅豆巧克力浮島蛋糕

◎材料（21 x 8 x 6 cm的磅蛋糕模1個份）

A ［米麵粉（烘焙用）……20g
　 ［可可粉……15g

乾紅豆餡……120g
細蔗糖……30g
雞蛋……2個
【鮮奶油】
鮮奶油……50ml
細蔗糖……1小匙
*參閱39頁

◎事先準備
・雞蛋將蛋黃蛋白分開。
・烤模鋪好烘焙紙。

1 調理盆中放入蛋黃、紅豆餡，用打蛋器攪拌均勻。

2 另取一調理盆，倒入蛋白用電動攪拌器以高速打發，打到蛋白蓬鬆後分2次加入砂糖，繼續打發至尖角挺立。

3 在**1**的調理盆中加入一些蛋白霜，用打蛋器繞圈攪拌，加入剩餘的蛋白霜，拿橡皮刮刀由底部往上撈的方式混拌至沒有白色紋路。篩入已混合的**A**，拿橡皮刮刀由底部往上撈的方式混拌至沒有粉粒。

4 倒入烤模中抹平，放入冒出蒸氣的蒸鍋以中火蒸25分鐘。脫模放涼，用刀子切成適口大小，附上加糖打發至柔軟的鮮奶油。

蛋白用電動攪拌器以高速打發，確實打到尖角挺立。

篩入米麵粉和可可粉後，拿橡皮刮刀由底部往上撈的方式，混拌到沒有粉粒。

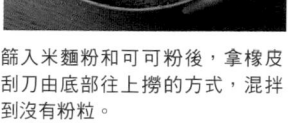

11 三色糰子

（味噌豆沙餡／芝麻紅豆餡／紅豆沙餡）

◎材料（直徑3cm的糰子3個x7串份）

【白】
白玉粉……30g
上新粉……20g
水……3大匙
味噌豆沙餡……白豆沙50g＋白味噌½小匙

【南瓜】
白玉粉……20g
上新粉……10g
南瓜泥……30g
芝麻紅豆餡……乾紅豆餡50g＋黑芝麻粉1小匙

【魁蒿】
白玉粉……30g
上新粉……20g
魁蒿粉……1小匙
水……3大匙
紅豆沙……50g

＊50g的南瓜（切除蒂頭去籽去皮）稍微泡水後，鬆鬆地包上保鮮膜放進微波爐加熱3～4分鐘，用叉子壓成泥。取30g備用。

◎事先準備
・各種餡料混合均勻，分成7等分排放在保鮮膜上。

1 製作白色糰子。調理盆中倒入白玉粉，加水用指尖搓拌，加入上新粉充分搓揉到麵團表面光滑。

2 製作南瓜糰子。白玉粉和南瓜泥混合均勻後加入上新粉，倒入25～30ml的水調整軟硬度。魁蒿糰子則是將魁蒿粉加水混合後，依序加入白玉粉、上新粉揉捏成團。
＊所有麵團的軟硬度以耳垂為標準

3 各自分成7等分滾圓，隔著保鮮膜用手壓平成直徑6～7cm，放入餡料包起來。
＊因為麵團容易碎裂，請輕揉滾圓。

4 鍋中倒入大量的水煮沸，放入3煮3分鐘，過冰水降溫，擦乾水份。將魁蒿糰子、白糰子和南瓜糰子依序插入竹籤。

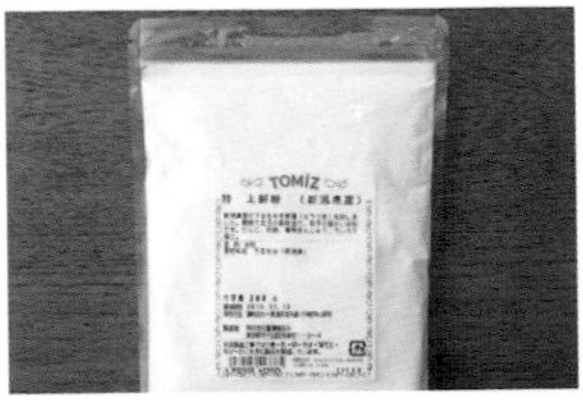

上新粉是梗米磨成的米粉。用來製作柏餅、糰子和外郎糕等。「新潟縣生產 特 上新粉」

魁蒿粉選用青森縣生產的魁蒿磨製成粉的商品。製作艾草糰子或魁蒿麵包相當方便。

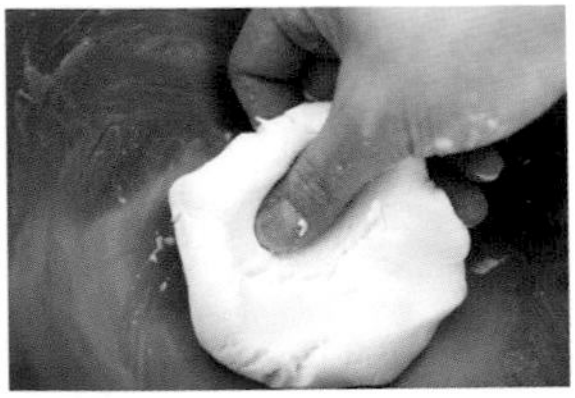

糰子麵團以耳垂般的軟硬度為標準。太硬的話加水，太軟的話加上新粉調整。

白色、黃色、綠色，賞心悅目的三色糰子，
每一顆都放了豆餡。
品嘗得到各自不同的味道組合。
如果只用白玉粉做糰子會太黏，
所以摻入上新粉，做出不黏牙的口感。
豆餡含水量太高的話不好包起來，
太黏時請加熱收乾水份。

12 顆粒善哉紅豆湯*

（黍米／雜糧）

◎材料（各2人份）

【黍米善哉紅豆湯】

糯黍……50g

水……125ml（糯黍的2.5倍）

鹽……一小撮

A ┌ 紅豆沙……200g
  └ 水……2大匙

【雜糧善哉紅豆湯】

綜合雜糧（紫米、小米、黍米、小麥等）……50g

水……125ml（綜合雜糧的2.5倍）

鹽……一小撮

B ┌ 紅豆粒沙……200g
  └ 水……100ml

地瓜……中型¼根（50g）

＊善哉：在日本關西是指煮至粒粒分明的紅豆年糕湯。

1 製作黍米善哉紅豆湯。黍米放在細目濾網上略為沖洗，和水、鹽一起倒入小鍋中開中火加熱，沸騰後轉微火蓋上鍋蓋煮12分鐘，燜12分鐘後拌開攪散。

2 小鍋中倒入A轉微火加熱，倒入裝了1的器皿中。

3 製作雜糧善哉紅豆湯。綜合雜糧洗淨倒入小鍋中，加入指定用量的水浸泡1小時，加鹽後煮法同黍米。地瓜連皮切成一口大小，煮到鬆軟沒有裂開。

4 把B倒入3的雜糧鍋中拌勻，放入地瓜加熱，盛入器皿中。

糯黍加入2.5倍的水、鹽加熱，沸騰後轉微火煮12分鐘，燜10分鐘後用刮刀拌開攪散。

綜合雜糧選用加了糯小米、莧籽等的MUSO「含發芽玄米的12種雜糧」。也可使用自己喜歡的雜糧。

糯黍是禾本科的雜糧，富含礦物質和膳食纖維。也可以加到白飯中煮。

將柔韌彈牙的糯黍煮軟，
搭配口感滑順的紅豆沙。
入喉順暢，是老少咸宜的美味。
雜糧選用加在米中煮的綜合商品，
製作方便。加了紫米，
新穎的色澤和顆粒口感，
品嚐與眾不同的善哉紅豆湯。

13 抹茶巴巴露亞

液體加了吉利丁邊攪拌邊散熱的話，就會越來越Q彈濃稠。再配上打發的鮮奶油，整體口感絲滑細緻。製作時相當期待這樣的「Q彈」感。

◎材料（14 x 11 cm的慕斯模1個份）＊

抹茶……1又½大匙
細蔗糖……50 g
牛奶……2 5 0 ml
鮮奶油……1 0 0 ml
［吉利丁粉……1大匙
水……2大匙

【鮮奶油】
鮮奶油……50 ml
細蔗糖……½大匙
紅豆粒沙……適量

＊也可以使用密閉容器

◎事先準備

・將用來做巴巴露亞的鮮奶油放入調理盆中，底部墊冰水打發至黏稠狀態，放入冰箱備用。
・吉利丁粉倒入水中浸泡膨脹備用。

1 調理盆中放入抹茶（過篩）、砂糖用橡皮刮刀攪拌，加入少許牛奶攪拌至沒有結塊。分次少量地倒入剩下的牛奶攪拌均勻，過濾倒入鍋中。

2 開中火加熱並拿耐熱鍋鏟攪拌，在鍋邊的液體快要冒泡前熄火，加入膨脹的吉利丁溶解。移入調理盆中，底部墊冰水攪拌黏稠後加入鮮奶油，用打蛋器攪拌。倒入慕斯模，放進冰箱冷藏1個小時以上凝固。
＊黏稠度以攪拌時可看到底部為標準。

3 分切成喜歡的大小，附上加了砂糖打至發泡的鮮奶油、紅豆餡即可。

在微帶奶油香氣口感綿密的麵包體中，加入蜜紅豆。藉由加了麵粉後不過度攪拌及放入充分冒出蒸氣的蒸鍋中蒸熟，呈現鬆軟口感。

14

蜜紅豆蒸蛋糕

◎材料（直徑7cm的布丁模各5個份）

【白蛋糕體】

A「低筋麵粉……120g
　泡打粉……1小匙

細蔗糖……50g
奶油（無鹽）……20g
雞蛋……1個
牛奶（或豆漿）……4大匙
太白胡麻油……1又½大匙
市售的甘納豆……80g

【抹茶蛋糕體】

同「白蛋糕體」
A的低筋麵粉換成110g的低筋麵粉＋½大匙的抹茶，市售甘納豆改用80g的蜜紅豆（作法見58頁）

◎事先準備

・奶油隔水加熱融化。
・布丁模鋪上紙杯。

1 製作白蛋糕體。調理盆中放入雞蛋和砂糖用打蛋器攪拌，依序倒入牛奶、太白胡麻油、奶油，每次都要攪拌均勻。

2 篩入已混合的A，用打蛋器攪拌到剩下少許粉粒時加入甘納豆，用橡皮刮刀混拌至看不到粉粒。

3 倒入布丁模，放進冒出蒸氣的蒸鍋以中火蒸15分鐘。拿竹籤插入中心，沒有沾上麵糊即完成。抹茶蛋糕體的作法相同。

＊請趁熱食用。冷掉後，請放入微波爐或蒸鍋重新加熱。

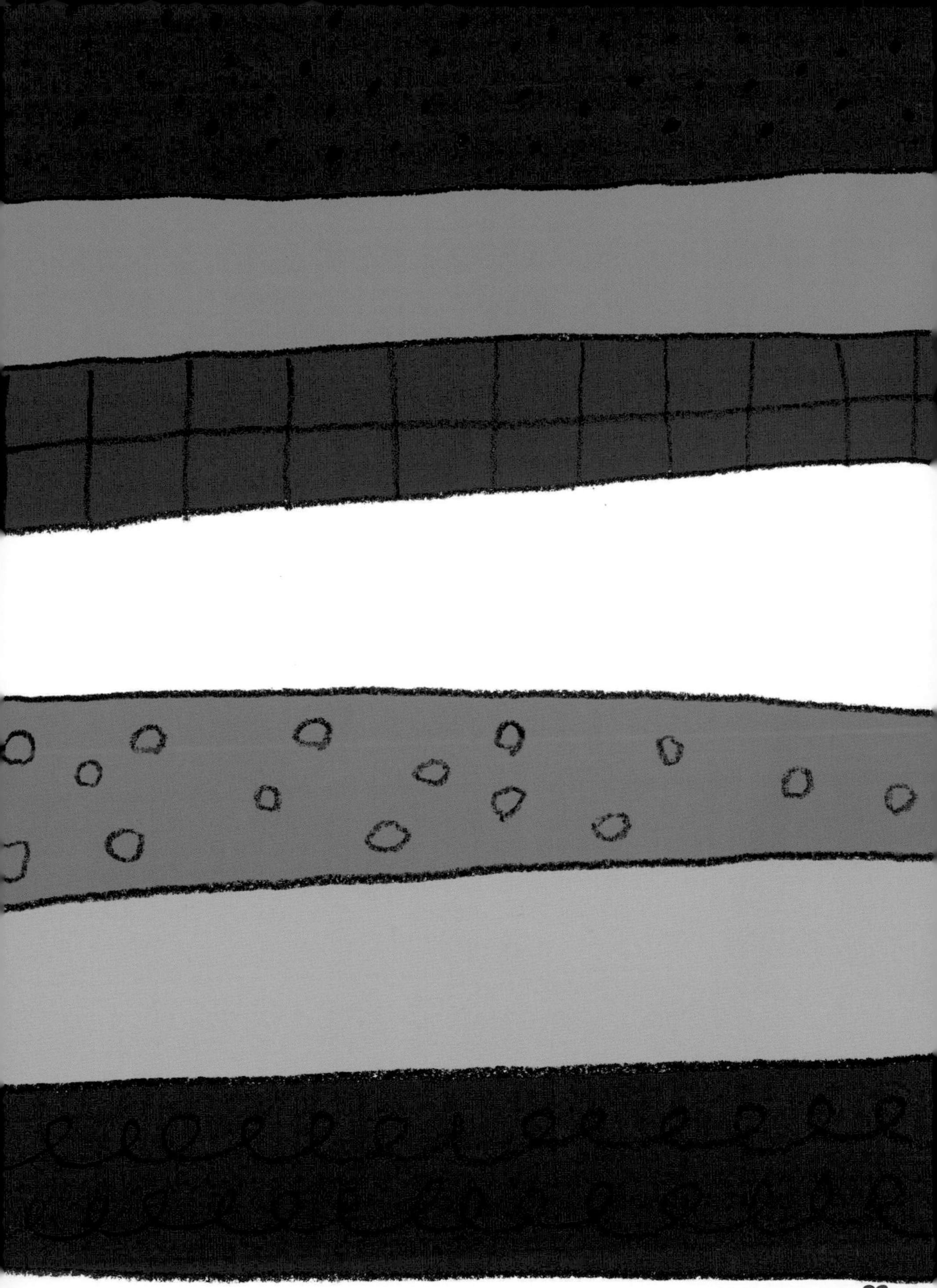

第4章

節令紅豆餡點心

春天吃櫻餅、秋天嘗栗子、天冷了喝紅豆湯。
我很喜歡這些充滿季節感的
日本和菓子。
很多店裡賣的和菓子，
其實大部分都能在家中簡單自製，
希望大家務必嘗嘗
剛做好的美味。

1月

紅豆湯

（熱生麩紅豆湯／冰白桃紅豆湯）

◎材料（各2人份）

【熱紅豆湯】

A
- 紅豆粒沙……200g
- 細蔗糖……1大匙
- 水……50ml

生麩（魁蒿）……1小條（130g）*

低筋麵粉……少許

【冰紅豆湯】

白桃罐頭（瀝乾水份）……1小罐（固體物100g）

B
- 白豆沙……110g
- 檸檬汁……½小匙
- 水……50ml

《湯圓》（10個份）

白玉粉……30g

嫩豆腐……約⅛塊（40g）

鮮奶油……2小匙

*生麩：麵筋，將麵粉的澱粉洗掉剩下的蛋白質。

◎事先準備

・白桃放入食物調理機或果汁機打成泥狀。

・白豆沙用濾網過濾，取100g備用。

1 製作熱紅豆湯。生麩切成2cm寬，整體薄撒上低筋麵粉，放入不加油的不沾鍋以小火煎到整體略為上色。

2 小鍋中倒入**A**開小火加熱，盛入器皿放上**1**。

3 製作冰紅豆湯。調理盆中放入**B**用橡皮刮刀攪拌均勻，加入白桃攪拌滑順後，放進冰箱冷藏。

4 製作湯圓。調理盆中倒入白玉粉，放入豆腐用指尖一點一點地搓揉入麵團中，揉到如耳垂般的軟硬度後，分別挖取1小匙滾圓。放入熱水煮，浮起來後數到10撈出泡冷水。

5 把**3**盛入器皿中放上**4**，繞圈淋上鮮奶油即可。

生麩是在小麥蛋白中加入糯米粉蒸熟的食物。有原味、魁蒿、加了栗子等口味，搭配味噌或紅豆餡相當對味。

生麩放到平底鍋中，煎到上下左右4面微微上色。使用鐵製平底鍋的話，請抹上一層薄薄的太白胡麻油。

從以前起習慣在冬季期間
買罐自動販賣機的紅豆湯。
帶著微微的罪惡感偷喝。
在家自己煮時，若想吃得清爽，就放紅豆沙。
希望有飽足感的話，就放紅豆粒餡。
到了夏天就加水果做出爽朗風味。
桃子和白豆沙意外地對味喔。

3月

櫻餅（關西風味）

通常聽到的櫻餅分成兩派，
關西地區是用顆粒明顯的道明寺粉，
關東地區則是如可麗餅般用麵粉製成，
然而新潟出身的我，
從孩提時代起就屬於道明寺櫻餅這一派。
早春時分會到各家店買，
也會自己做。
雖然糯米可以添加食用色素染色，
但因為是在家吃的點心，不上色也沒關係。
鹽漬櫻葉如果很鹹的話，
請稍微泡水後再使用。

↓ 作法見98頁

4月

草莓紅豆蜜

在每年草莓盛產的季節，一定會做這道點心。
使用大量熟透的豔紅草莓，
做成酸酸甜甜，口感宛如草莓般的寒天，
任誰吃到都會一臉驚奇，看了真開心。

紅豆餡的甜度緩和了酸甜感，
拌上如醬汁般的冰淇淋。
磨草莓泥時，
不喜歡草莓籽的顆粒感，
希望口感更滑順的話，
就用篩網吧。

↓作法見99頁

3月

櫻餅

（關西風味）

◎材料（6 cm長的櫻餅4個份）

A
- 道明寺粉……80 g
- 細蔗糖……10 g
- 鹽……少許

溫水（和體溫差不多）……120 ml
紅豆沙……4大匙（80 g）
鹽漬櫻葉……4片

◎事先準備

・紅豆餡各舀1大匙排放在保鮮膜上。

1 耐熱調理盆中倒入A用橡皮刮刀混拌，加入溫水輕輕混拌，包上保鮮膜靜置5分鐘。放進微波爐加熱3分鐘，燜10分鐘。

2 等到不燙手後趁熱用刮板切成4等分，手沾水滾圓，再揉成8 cm長的橢圓形。中間放入紅豆餡包起來，再用櫻葉裹上即可。

道明寺粉是糯米蒸熟乾燥後磨成粗粒的粉類。選用米粒磨成1/5大小的5割中粒產品。

道明寺粉加溫水，放進微波爐加熱3分鐘，燜10分鐘後使用。微波且燜過的，就像糯米般黏稠。

滿溢小語 紅豆餡 9

紅豆餡這種食物

既然都要煮，就想一次多做一些。我想每個人煮紅豆餡時，都閃過這個念頭。然而，這很難做到，因為紅豆吸水膨脹後的體積相當大，本來以為只有這些豆子…，結果份量相當驚人。紅豆餡滿到鍋邊，都快溢出來了。結果，底部居然傳來焦味…。從此之後，我就不用一個鍋子煮太多，改成分批適量地煮。

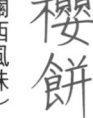

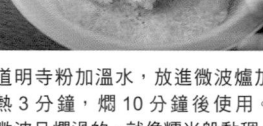

4月

草莓紅豆蜜

◎材料（4人份）

【草莓寒天】

A
- 草莓……2盒（600g）
- 細蔗糖……40g
- 檸檬汁……1小匙

寒天粉……1小匙

【湯圓】（20個份）

白玉粉……60g

嫩豆腐……約¼塊（80g）

【糖蜜】（容易製作的份量）

細蔗糖……50g

水……25ml

紅豆粒沙……6大匙

市售香草冰淇淋……1個

◎事先準備

・草莓切除蒂頭對半直切。

1 製作草莓寒天。**A**放入食物處理機或果汁機攪打成泥狀，用濾網過濾後取400g備用（不夠的話加水補足）。

2 小鍋中放入**1**、寒天粉用橡皮刮刀攪拌，開中火加熱同時拿耐熱刮刀不停地攪拌，若有浮沫需撈除，充分沸騰後熄火。倒入方盤散熱，放進冰箱冷藏1個小時以上凝固。

＊請注意寒天如果沒有煮沸就無法凝固

3 製作湯圓。調理盆中放入白玉粉、豆腐，用指尖一點一點地搓揉入麵團中，揉到如耳垂般的軟硬度後，分別挖取1小匙滾圓。放入熱水煮，浮起來後數到10撈出過冷水。

4 製作糖蜜。把材料放入小鍋中開火加熱，當砂糖溶解沸騰再煮幾秒後熄火放涼。

5 把切成2cm丁狀的寒天、**3**、紅豆餡、冰淇淋擺入器皿中，淋入適量的**4**即可。

將草莓寒天液倒入方盤（16 x 13cm）或容器中冷卻凝固。挑選顆粒小且熟透的紅艷草莓，就能做出美麗色澤。

5月

柏餅*

（味噌豆沙餡）

◎材料（8cm長的柏餅6個份）

A「上新粉……100g
太白粉……2小匙
細蔗糖……1大匙

水……200ml

【味噌豆沙餡】

B「白豆沙……130g
白味噌……10g

山椒粉（依個人喜好）……少許

市售柏葉……6片

*柏餅：日本端午節的食品，據說自江戶時代流傳至今。

1 製作味噌豆沙餡。小鍋中放入**B**攪拌，開小火加熱，拿耐熱刮刀邊攪拌邊熬煮2～3分鐘，約剩120g。倒入山椒粉攪拌，放涼後舀1大匙分別排放在保鮮膜上。

*因為白豆沙很軟，熬煮到水份略收比較好包起來

2 耐熱調理盆中倒入**A**，慢慢地加水用橡皮刮刀攪拌滑順。不包保鮮膜放進微波爐加熱3分鐘，拿耐熱刮刀迅速攪拌整體，再加熱3分鐘。

3 將**2**用橡皮刮刀沾水搓揉一直到麵團光滑一致。

4 放涼到不燙手後用刮板切成6等分，手沾水揉成10cm長的橢圓形。放入**1**包起來，再裹上柏葉即可。

滿溢小語 紅豆餡 10

電影「戀戀銅鑼燒」

到台灣旅行時吃了各種紅豆餡點心，在回程的飛機上看了河瀨直美導演的電影「戀戀銅鑼燒」。故事內容是銅鑼燒店老闆不愛吃紅豆餡，前來幫忙的老奶奶教他如何煮紅豆餡。觸摸紅豆的手感、聞味道的表情、傾聽烹煮的聲音。看了他們面對食材的身影，突然好想煮紅豆餡。

擺在和菓子店的柏餅，
大多是紅豆粒餡、紅豆沙、味噌豆沙這3種。
因為吃得到味噌豆沙餡的和菓子，
大概就是葩餅*、柏餅，
我總是毫不猶豫的選味噌豆沙餡。
自製時加入少許山椒粉，
辛辣感可提升整體風味，相當推薦。

*葩餅：日本過年時的茶道點心。

8月

水羊羹

（黑糖／抹茶）

◎材料（約100ml的容器各4個份）

【黑糖】

紅豆沙……200g

A
- 黑糖粉……20g
- 寒天粉……⅓小匙
- 水……150ml

【抹茶】

白豆沙……220g

水……50ml

抹茶……2小匙

B
- 細蔗糖……20g
- 寒天粉……½小匙
- 水……100ml

紅豆粒沙……4大匙

◎事先準備

・白豆沙用濾網過濾，取200g備用。

1 製作黑糖口味。小鍋中倒入A用橡皮刮刀攪拌，開中火加熱同時拿耐熱刮刀不停地攪拌，沸騰後熄火。加入紅豆沙攪拌滑順，轉小火充分煮沸後熄火。

2 移入調理盆中，底部墊冰水拿刮刀攪拌散熱，變黏稠後倒入容器中，放進冰箱冷藏1小時以上凝固。

3 製作抹茶口味。調理盆中倒入白豆沙、水，用橡皮刮刀攪拌滑順，篩入抹茶粉攪拌均勻（抹茶豆沙）。

4 小鍋中倒入B拿橡皮刮刀攪拌，作法同黑糖口味（以抹茶豆沙取代紅豆沙）。攪拌黏稠後，倒入放了紅豆粒沙的容器中，冷藏凝固。

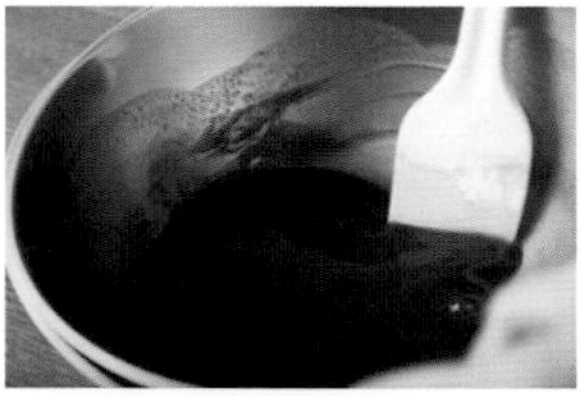

水羊羹液做好後，底部墊冰水拿橡皮刮刀攪拌成微稠狀。

不僅是夏天，
整年都想吃水羊羹。
小時候，
一收到綜合水羊羹的中元節禮盒，
就想著今天要吃哪種口味，
相當興奮期待。
黑糖口味的靈感
來自北陸地方冬天才吃得到的黑糖水羊羹。
抹茶口味請將紅豆粒沙當成醬汁來品嘗。

9月

萩餅

（紅豆粒餡／毛豆泥／黃豆粉）

◎材料（6cm長的萩餅各6～8個份）

【麻糬／共通】（1米杯份）

A ┌ 糯米……½米杯
  └ 梗米……½米杯

水……1米杯（180ml）

【紅豆粒餡】

麻糬……1米杯份

乾紅豆餡……400g

【毛豆泥】

麻糬……1米杯份

B ┌ 毛豆莢……600g
  │ 細蔗糖……70g
  └ 鹽……一小撮

【黃豆粉】

麻糬……1米杯份

紅豆沙……180g

C ┌ 黃豆粉……30g
  │ 細蔗糖……1大匙
  └ 鹽……一小撮

◎事先準備

・白毛豆莢煮軟後，剝出毛豆仁，去除薄膜取300g備用。

・乾紅豆餡分成8等分、紅豆沙分成6等分排放在保鮮膜上。

1 製作麻糬。A混合後洗淨，加水浸泡2個小時，放入電鍋以白米模式煮熟。倒入調理盆中，用飯勺攪散，取保鮮膜貼緊表面放涼。

2 擀麵棍沾水將1搗至剩一半的米粒，涼掉後用刮板分成8等分（黃豆粉則是6等分），手沾水輕輕滾圓。

3 紅豆粒餡口味。用手將紅豆餡壓成直徑8cm，放上麻糬包起來，整成橢圓形。

4 毛豆泥口味。將B放入食物調理機攪打成泥狀，倒入小鍋中開中火加熱，用耐熱刮刀一邊攪拌一邊煮到咕嘟冒泡後續煮1分鐘放涼。和紅豆粒餡一樣放上麻糬包起來。

5 黃豆粉口味。麻糬用指尖拉圓，放上紅豆餡包起來整成橢圓形，再撒滿混合均勻的C。

米煮好後，包上保鮮膜燜至降溫，擀麵棍（或是研磨棒）沾水，將米搗擊到剩一半的米粒。

毛豆煮軟，去除薄膜，和砂糖、鹽一起放入食物調理機攪打成泥狀。也可以用研磨缽磨成泥。

＊因為毛豆泥很軟，放進冰箱冷藏2個小時方便作業。

煮紅豆餡要做什麼？
除了直接吃外，
我最常煮來做萩餅。
小時候遇到彼岸時期，
會幫忙祖母做萩餅，
長大後就幫母親做，
然後，現在自己做。
因為母親不愛吃紅豆粒餡，
所以家裡的萩餅只有紅豆沙，
但我也喜歡紅豆粒餡。

10月

栗蒸羊羹

◎材料（14 x 11 cm的羊羹模1個份）

A
- 紅豆沙……300g
- 細蔗糖……10g
- 水……4大匙

B
- 低筋麵粉……15g
- 太白粉……2小匙

市售去皮糖煮栗子……200g

＊也可以用尺寸相近的方盤或容器

◎事先準備

．栗子切成4等分，用廚房紙巾擦乾水份。

．模型鋪上烘焙紙。

1 調理盆中倒入A用橡皮刮刀攪拌滑順，篩入已混合的B，混拌至沒有粉粒。加入栗子，稍微混拌。

2 倒入模型抹平，放進冒出蒸氣的蒸鍋以大火蒸45分鐘。

＊剛蒸好時表面有水珠且偏軟，不過放涼後水份會被羊羹吸收並凝固。

3 放在模型中降溫，散熱後脫模（連著烘焙紙），放涼後用保鮮膜鬆鬆地包起來，置於陰涼處半天以上（讓口感軟硬適中）。

＊因為會變硬，請不要放進冰箱冷藏。

把羊羹液倒進鋪好烘焙紙的模型中，拿橡皮刮刀抹平表面。拿著模型從低處往下震動1～2次，可排出裡面的空氣

母親上東京時，
很喜歡我家附近
和菓子店賣的栗蒸羊羹，
之後，一到秋天我就買來送她。
比起口感豐盈富彈性，
我更喜歡入口即化的羊羹。
雖然剛蒸好時水氣較重，
但在放涼的過程中就會沉澱下來
所以請靜待半天後再吃。

我喜歡的經典紅豆餡點心

我吃過各家店賣的大福或萩餅等經典紅豆餡點心。以下介紹私心偏愛的商店。

さわ山　名代大福

該店距離新潟車站有點遠，所以比起觀光客取向，更受到當地人的喜愛。總是門庭若市。因為地處新潟，麻糬當然好吃，薄薄的麻糬皮中塞滿紅豆餡，味道卻不濃膩，一下子就吃完了。

- 1個　125日圓（含稅）

TEL：025-223-1023　營業時間：8:00～18:00
週二公休　＊售完為止
http://nttbj.itp.ne.jp/0252231023/index.html

大口屋　餡麩三喜羅

品名奇特如魔法咒語般的麩饅頭。三喜羅指的是菝葜（別名土茯苓）。因為生麩沒有特殊氣味，藉由餡料展現風味，我覺得這點很棒。裡面的紅豆沙口感清爽，麩皮輕盈鬆軟，試了一個就停不下來。

- 一盒10個　1512日圓（含稅）

TEL ：0120-00-9781　營業時間 ：9:00～17:00
1月1號公休
http://www.ooguchiya.co.jp
＊可在網路商店訂購

福島屋　五神萩餅

福島屋就位在我每天都去採購的超市內。商品品質好，店面卻很普通是最吸引我的地方。萩餅和我在老家吃的一樣，尺寸都偏大。紅豆餡加了鹽充分起到提味效果，更顯甘甜。

- 一盒2個　309日圓（含稅）

＊僅限羽村總店、立川店。商品依店鋪而異
TEL：042-554-0137　營業時間：10:00～21:00
1月1、2號公休
http://www.fukushimaya.net/
＊營業時間和販售日期依店鋪而異

我喜歡的紅豆餡西點

我喜歡紅豆餡和西式食材的組合，一看到就想試吃。以下介紹我最喜歡的點心。

TORAYA CAFÉ
紅豆巧克力蛋糕　一般尺寸

紅豆餡和西式食材的組合相當新鮮，不過比起華麗的蛋糕，卻擁有點心般的樸實感。包裝也很可愛，適合送禮。因為口感輕盈，也可以早上搭配咖啡一同享用。

● 2376 日圓（含稅）
TEL ： 03-5414-0141（青山店）
營業時間 ：8:00～20:00（週六11 ～18 ： 00）
週日、假日、暑假、年底年初公休
www.toraya-group.co.jp/toraya-cafe
＊可在網路商店訂購

紀ノ国屋　月餅（含核桃）

這是我的能量點心。最喜歡用刀子分切成小塊當零嘴吃。餅皮和紅豆餡都很濕潤。每次去超市，最後都會帶它回家。

● 680 日圓（含稅）
TEL ： 03-3409-1231　營業時間 ：9:30～21:30
全年無休
http://www.e-kinokuniya.com/
＊只在紀ノ国屋 インターナショナル（青山店）、国立店、等々力店、吉祥寺店、鎌倉店、紀ノ国屋アントレルミネ ザ・キッチン品川店、デイリーテーブル アトレ吉祥寺店、デイリーテーブル アトレ西荻窪　店販售。
＊各店鋪數量有限

六花亭　巧克力栗子蛋糕

六花亭的點心，無論是味道、包裝或名稱都很平易近人，送禮收禮都開心。巧克力栗子蛋糕是在栗子泥中加入白豆沙，用蛋糕體包夾起來，外表淋上巧克力醬。微微的蘭姆酒香帶來畫龍點睛之效。建議放冰箱冷藏後食用。

● 一盒 6 個　830 日圓（含稅）
TEL ： 0120-12-6666　營業時間 ：9:00～19:00
全年無休
http://www.rokkatei.co.jp/
＊可在網路商店訂購

朝思暮想的紅豆餡點心

以下是曾經讓我魂牽夢縈的紅豆餡點心。令人折服的魅力、讓人感動的美麗、都是遇見你真好的紅豆餡點心。

とらや
虎屋 WAGASHI・HAUTE COUTURE

在虎屋有提供全客製化和菓子的服務。聽說有很多人買來當賀禮，和點心師傅反覆討論，做出世界獨一無二的和菓子，真是相當奢侈的經驗。這次我提出的主題是「狗」。因為長期養狗，再加上正好是明年的生肖。不僅是真實重現，也希望融入師傅的想法，還要顧及味道，這些任性的要求，都一一達成了。完成後的作品，可愛到無以倫比。可以充分品嘗到剛做好的上生菓子的美味。

● 10 個　7560 日圓（含稅）　依內容而異
東京都港区元赤坂 1-1-16　1F（元赤坂一丁目店）
TEL：03-3408-3213
營業時間：9:00～18:00　全年無休
www.toraya-group.co.jp
＊從預訂到取貨需 1～2 個月以上

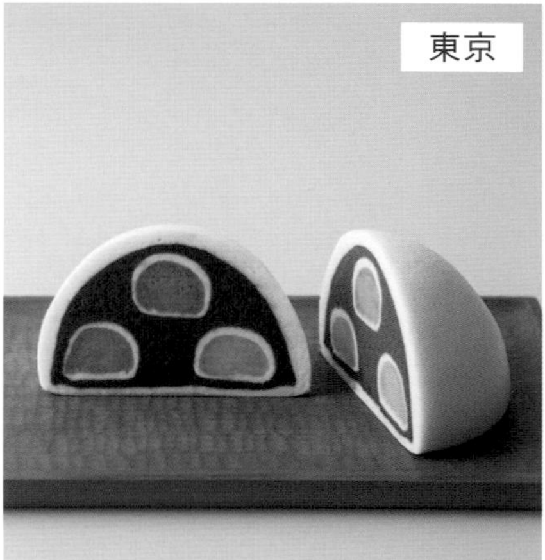

とらや　蓬萊島

紅豆餡點心憧憬史 No.1 的點心。最先在雜誌上看到時，真的嚇了一大跳，這個奇妙的食物是什麼？像是童話故事中會出現的吸睛可愛造型，總夢想著有一天一定要見到本尊，好想吃吃看。在大大的日式饅頭中，有好多小饅頭。從身形也可說是「帶子饅頭」。美麗的切面令人目不轉睛。商品尺寸不一，下次一定要買來送人。

木盒裝 2 號（直徑 11.8cm）　7172 日圓（含稅）
東京都港区元赤坂 1-1-16　1F（元赤坂一丁目店）
TEL：03-3408-3213
營業時間：9:00～18:00　全年無休
www.toraya-group.co.jp
＊必須在 5 天前預訂

・商品店家、價格等資訊是2017年11月10號的現況。依店家或商品狀況，時有買不到同品項的情況，請見諒。

丸屋本店　鯛魚祝賀點心 單層

小時候參加親戚的結婚典禮，準備給客人帶回家的點心謝禮，一定是這項鯛魚造型的生菓子。象徵可喜可賀（譯註：日文的恭喜和鯛魚同音），雖然有時是鶴鳥，但一看到鯛魚大得連盒子都裝不下的驚人尺寸，幼小的我心想「這真的吃得完嗎」。不過，因為全家都愛吃紅豆餡，無須擔心此事，每個人分別切下自己要吃的份量，大口大口地吞下肚。在丸屋總店，毛豆麻糬或泡芙也頗受歡迎，不過辦喜事時，還是想訂鯛魚點心。

● 長 18.5cm　2160 日圓（含稅）
新潟県新潟市中央区東堀通6番町1038
TEL：025-229-3335
營業時間9:30～20:00　全年無休
http://www.maruyahonten.com/

赤福　朔日餅（10 月／栗餅）

認識的造型師家鄉在伊勢附近，據他說赤福每月 1 號都會推出不同的限定款和菓子。一到當天，從半夜起就有很多人來排隊，我總想，有一天也要抓準時機過來…，這樣的念頭越來越強烈，我就是要去！便坐上新幹線出發了。10 月的朔日餅是栗子。看了 1 整年的商品，最想試吃朔日餅。栗餅的外皮是糯米、裡面是有栗子顆粒的栗子餡，就像栗子萩餅。雖然體積小卻嚼勁十足！是令人感激，吃了能長命百歲的味道。

● 一盒 6 個　930 日圓（含稅）
TEL：0120-081-381
營業時間：8:00～17:00　全年無休
http://www.akafuku.co.jp/
＊每月變換口味，只在當月 1 號販售的和菓子（1 月除外）
＊除了伊勢外，也可在愛知、大阪、兵庫的百貨公司預定（前一個月 1 號開始預訂，地點在百貨公司內的赤福直營店）

PROFILE

中島志保

1972年生於日本新瀉縣。曾任職於唱片公司、出版社，基於在越南餐廳、有機餐廳的工作經驗，進而成為料理家。2006年以「foodmood」為名，成立採用對身體無負擔的食材製作甜點的工房。著作包括《低熱量戚風蛋糕 天天吃也不發胖》、《無奶油小餅乾：當飯吃也零負擔！》、《每天都想吃，「能當飯吃」的蛋糕和馬芬》、《無奶油甜鹹餅乾低卡少糖也好吃》（中文版瑞昇文化），《吃飯囉》、《吃點心囉》（中文版合作社）等。
http://foodmood.jp/

TITLE

中島志保 紅豆餡甜點幸福滋味

STAFF

出版	瑞昇文化事業股份有限公司
作者	中島志保
譯者	郭欣惠
總編輯	郭湘齡
文字編輯	徐承義　蔣詩綺　李冠緯
美術編輯	孫慧琪
排版	沈蔚庭
製版	印研科技有限公司
印刷	龍岡數位文化股份有限公司
法律顧問	經兆國際法律事務所　黃沛聲律師
戶名	瑞昇文化事業股份有限公司
劃撥帳號	19598343
地址	新北市中和區景平路464巷2弄1-4號
電話	(02)2945-3191
傳真	(02)2945-3190
網址	www.rising-books.com.tw
Mail	deepblue@rising-books.com.tw
初版日期	2019年5月
定價	300元

ORIGINAL JAPANESE EDITION STAFF

ブックデザイン	渡部浩美
撮影	有賀 傑
スタイリング	伊東朋惠
イラスト	落合 恵
描き文字・イラスト（112ページ）	中島基文
調理アシスタント	柴野絵美
取材	千羽ひとみ、中山み登り
校閲	滄流社
編集	足立昭子
撮影協力	バーミキュラ（愛知ドビー株式会社） http://www.vermicular.jp/

◎（富）➡ TOMIZ（富澤商店） tomiz.com
◎（ク）➡ cuoca（クオカ） http://www.cuoca.com

TANOSHII ANKO NO HON

Originally published in Japan in 2017 by SHUFU TO SEIKATSUSHA CO.,LTD.
Chinese translation rights arranged through DAIKOUSHA INC.,KAWAGOE.

國家圖書館出版品預行編目資料

中島志保 紅豆餡甜點幸福滋味 / 中島志保著；郭欣惠譯. -- 初版. -- 新北市：瑞昇文化, 2019.04
112面；14.8 x 21 公分
ISBN 978-986-401-330-2(平裝)

1.點心食譜

427.16　　108004800